U0000698

60則令人拍案叫絕的故事

課堂上
沒教的···
科學知識

自 序

　　我從 1970 年代末開始接觸科學史。1982 年中央研究院科學史委員會成立時，受邀成為創會委員。從 1996 年初起，開始密集發表科學史論著。1997 年底，發起成立中華科技史學會。2005 年，受邀到世新大學開設「中國科技史」通識課程。2006 年，受邀成為中國（大陸）科學史學會理事。在兩岸科學史界逐漸擁有一席之地。

　　2011 年，《科學月刊》（科月）與臺灣商務印書館達成協議，選取科月已刊出文章，供商務出版「科普館叢書」。我參與其事，主編《科學史話》等四種。《科學史話》收文五十篇，由十六位兩岸科學史家執筆，全都選自科月「科學史話」欄目，皆為不到兩千字的短文。由於精短易讀，出版後廣獲好評，是商務「科普館叢書」銷路最好的一本。

　　編選《科學史話》時已意識到，我個人的作品已足夠出版一本類似的集子。從 2016 年元月中旬起，在舊檔中尋尋覓覓，很快就湊出六十篇，但出版並不順利。台北一家出版社建議先拋到網上，看看反應再說。北京一家出版社有興趣，且已進入簽約階段，不意五二〇兩岸關係生變，又不了了之。

2016 年夏蒙臺灣商務印書館伸出援手，不過要求不能有和《科學史話》等「科普館叢書」重複的文章。這倒是個不小的挑戰，於是重新搜尋，又補寫了一些新作，一共得出八十幾篇，再從中選出六十篇，這本集子方才輯成。

　　這本集子源自科月者居多，這是因為我長期參與科月，科普文章大多在科月發表。再說我長期為科月的「科學史話」和「大家談科學」欄目組稿（後者也刊出科學史短文），所寫的科學史短文自然較任何同儕都多。

　　六十篇短文選定後，接下去要決定編排方式。主編及責任編輯建議，依學科別分為六類，各類再以刊出先後排序。換句話說，採取分類體和筆記體混用的方式。其實每一篇都是獨立存在，隨意披閱，隨時會帶來意外的驚喜。這是本書最為殊勝之處。

　　喜歡《科學史話》的朋友，希望也會喜歡這本《課堂上沒教的科學知識》。《科學史話》是「主編」的，《課堂上沒教的科學知識》是「著」的。語云：家有敝帚，享之千金。我個人當然喜歡這本出自一己之手的《課堂上沒教的科學知識》，廣大讀者呢？

（2016 年國父誕辰於新店蝸居）

目 錄

輯三　**醫學類**

輯一

數理化類

韓信點兵的故事

韓信點兵,即中國剩餘定理,是個數論命題。藉著傳說的韓信故事,說明「物不知其數」的解法,讀來饒富趣味。

秦朝滅亡後,楚霸王項羽和漢王劉邦爭奪天下。劉邦在蕭何、張良、韓信的輔佐下,打敗楚霸王,建立了漢朝。有道是:狡兔死,走狗烹。劉邦得到天下後,一心想把韓信除掉,傳說有天他把韓信找來,直截了當的問:

「你還有多少兵?」

韓信回答:「回陛下,我也不知道自己有多少兵,只知道三個三個一組的數,剩兩個;五個五個一組的數,剩三個;七個七個一組的數,剩兩個。」

按照計劃,如果韓信的兵馬不多,就把他殺了,沒想到韓信打了個啞謎,連神機妙算的張良也茫無頭緒,君臣使了個眼色,決定暫不動手。

那麼韓信到底有多少兵?中國有部古算書《孫子算經》,提出同樣的問題:「今有物不知其數,三三數之剩二,五五數之剩三,七七數之剩二,問物幾何?」《孫子算經》給出

解法，答案是二十三。原來韓信只剩下二十三個士兵啊！

《孫子算經》的作者和著作年代已不可考，不過不會晚於晉朝。中國人最早提出這個問題，並最早提出解法，所以稱為「中國剩餘定理」。又因為《孫子算經》最早給出解法，所以又叫做「孫子定理」。傳說是韓信最早提出的，所以又叫做「韓信點兵」。

韓信點兵的算法，《孫子算經》上已有說明，後來還流傳一首歌訣：

韓信不得志時，曾受惠於漂母，留下一飯千金的故事。圖為郭詡《人物圖冊》之一〈漂母飯韓信圖〉，作於 1503 年，上海博物館藏。（英文版維基百科提供）

三人同行七十稀，五樹梅花廿一枝。

七子團圓正半月，除百零五便得知。

　　意思是說：三個三個的數，將剩下的餘數乘 70；五個五個的數，將剩下的餘數乘 21；七個七個的數，將剩下的餘數乘 15。再將這些數加起來，如超過 105，就減去 105，如果仍大於 105，就再減去 105，直到得數比 105 小為止。這樣，所得的數就是原來的數了。因此，韓信打的啞謎列成算式就是：

$$2×70 + 3×21 + 2×15 = 233$$
$$233 - 105 = 128$$
$$128 - 105 = 23$$

　　至於這個算式背後的理論是什麼？這是個數論問題，筆者哪有能力回答啊。

　　　　　　　　　　　（原刊《小達文西》2006 年 3 月號）

《筭數書》的故事

西元 1984 年出土的江陵張家山第 247 號漢墓，墓主是位漢初的基層官吏，隨葬的《筭數書》（筭是算的古字），由六十八道應用題構成，是傳世最古的數學文本之一。

西漢呂后二年（西元前 186 年），現今湖北江陵地方的一位基層官吏死了。他原本是秦朝的官吏，秦亡後歸附漢朝。他死後，或許出於他的意願，家人將他的幾本書作為陪葬品。

歷經兩千多年，那些陪葬的書籍竟然奇蹟似的保存下來。1984 年，這位西漢基層官吏的墓被考古學家挖開，編號為江陵張家山第 247 號漢墓。那批陪葬的古籍因而出土，成為研究西漢初年的珍貴史料。

秦始皇採納李斯的建議，禁止民間研究學問，即使是官方，也只能研究法律、醫藥、數學等實用方面的學問。人們要想學習實用的學問，也只能「以吏為師」。江陵張家山第 247 號漢墓出土的古籍，證實了史書上的說法。

戰國、秦、漢的書大多是用竹簡寫的，用繩子（韋）編

成冊，再捲成束。出土時，那批陪葬古籍的韋編早已腐朽，竹簡已經散開，呈黑炭狀，必須細心地去除雜質，再根據出土時的位置、內容、竹簡形制及字體，才能整理出頭緒。

經過整理，張家山第 247 號漢墓陪葬的竹簡有七部書：《曆譜》、《二年律令》、《奏讞書》、《脈書》、《筭數書》、《蓋廬》、《引書》，另有一部《遣冊》，是隨葬品清單。從這些書和內容，推斷出墓主的可能身分。

這七部書中，價值最高的就是《筭數書》。或許由於整理費時，數學史家癡癡等了十六年，才有機會一窺其廬山真面目。這部書共有一百九十枚竹簡，每枚長約三十公分，寬約零點六至零點八公分。《筭數書》讓我們可以「直擊」西漢的數學，知道西漢人怎麼做數學？為什麼做數學？

中國數學的聖經──《九章算術》，也是西漢編定的，

呂后玉璽。Underbar dk 攝，陝西歷史博物館藏。（英文版維基百科提供）

但我們所能看到的文本，最早是宋代的。《筭數書》卻是真正的西漢文本。全世界超過兩千年的數學文本不到五部，《筭數書》的價值可想而知。

《筭數書》由六十八道應用題構成，大多和基層官吏的工作有關，例如分配、比例、利息、租稅、體積、面積等。舉個較簡單的例子，第二十五題：

> 貸錢百，息月三。今貸六十錢，月未盈，十六日歸，計息幾何？（借人一百塊錢，月息三塊錢。今借人六十塊錢，十六天就歸還了，問利息多少？）

這個題目您應該會算吧？做西漢人的數學，真有趣！試試看吧。

（原刊《小達文西》，2006 年 11 月號）

從看天到看海

天為什麼發藍？直到 1873 年英國物理學家瑞利提出散射理論，才解決了天色的秘密。至於海為什麼是藍色的，直到 1921 年才由印度物理學家拉曼給出答案。

太陽光以每秒將近三十萬公里的速度，經過八分二十一秒的旅途，來到地球。我們看起來是白光的太陽光，其實是由紅、橙、黃、綠、藍、靛、紫七種色光所合成的。當陽光照射在一種物體上，如果七種色光都被它吸收了，看在我們眼裡就成了黑色；如果七種色光都不被它吸收，換句話說，都被它反射了，看在我們眼裡就成了白色；如果吸收了橙、黃、綠、藍、靛、紫六種色光，而反射紅光，看在我們眼裡就成了紅色。大千世界的五顏六色，都是這樣形成的。

　　但是，太陽光射到地球上來的時候，還會碰到空氣和懸浮在空中的小水珠（雲），使得天空的顏色，經常展現新貌。天空的顏色，又影響地面的顏色，於是大自然的色相就更富變化了。

　　晴天的時候，陽光不受雲霧阻擋，從空氣分子的空隙間

射過來，看在我們眼裡，就成了耀眼的白光。但是，也有很多光線，會碰到空氣中的氮分子或氧分子，引起散射作用，藍光的波長最短，散射得最厲害，看在我們眼裡，就成了藍色的了。

這個道理看起來好像很簡單，但是人類明白這個道理是十九世紀末葉的事了。1873 年，英國物理學家瑞利（John Strutt, 3rd Baron Rayleigh）是第一位看天看出名堂的人。他的散射理論，使我們了解了「天色」的秘密。

在陽光的七種色光中，紅、橙、黃光的波長較長，藍、靛、紫光的波長較短。所謂波長，就是兩個波峰間的距離；而波峰，是指物質振動最大的地方。舉個例子來說，當我們扔一塊石頭到水裡，會激起一圈圈漣漪；兩圈漣漪間的距離就是波長了。當然啦，光波的波長比漣漪的波長短得多了，波長最長的紅光，不過十萬分之七、八公分，藍光不過十萬分之四、五公分而已。

瑞利發現，散射不會改變射入光的波長，只會改變射入光的方向。那麼散射又

瑞利像。（維基百科提供）

怎麼會造成天空的各種顏色呢？是這樣的，散射的作用截面既與散射粒子的大小有關，也與被散射光的波長有關。空氣中的氧分子、氮分子，大小恰好可以散射波長較短的藍光，藍光散了一天，天空當然呈藍色了。

到了傍晚，夕陽西下，陽光從斜裡射過來，較接近地面，而地面的空氣含有較多的灰塵，粒子比氧分子、氮分子大得多了，較容易散射波長較長的紅光、橙光或黃光，艷麗的晚霞就是這樣散射出來的。

如果天上漂浮著小水滴，也就是雲，那又是另一種景象。小水滴比灰塵大得多，各種波長的色光都能被它散射，結果，雲就成了白色的了。如果雲層較厚較密，陽光穿不過去，就變成了灰色或黑色。白雲蒼狗，不過是陽光玩的把戲而已！

當雲聚成雨滴的時候，顆粒就更大了，大得具有稜鏡的作用。倘若一邊已經出太陽，一邊還在下雨，陽光穿過雨滴就是我們所看到的虹了。噴泉和瀑布上也可以出現虹，原理是一樣的。

陽光射到地面，變出更多顏色。姹紫嫣紅，無非是光線被吸收或反射所表現出的面貌而已。有些東西，在陽光照射下，會折射出它本身全然無關的顏色。像是台北郊區常見的大琉璃紋鳳蝶，後翅上有兩塊暗綠色的大形圓斑，大概有小拇指的指甲蓋大小。在陽光照射下，那顆圓斑會變成寶藍色，閃爍著金屬光澤。

陽光照到水裡，又是一番景況。不知道大家有沒有注意過，較深的水都是藍色的。王勃在〈滕王閣序〉裡就有「落霞與孤鶩齊飛，秋水共長天一色」的名句。水原本是透明無色的。水分子的大小可讓波長較長的紅色繞過去，而波長較短的藍光被散射，所以較深的水大多是藍色的。而水越深，散射、反射的藍光就越多，看起來就越藍了。

　　當然啦，如果水中泥沙太多，像黃海；或有大量藻類，像紅海，水不論有多深，都不會是藍色的。所以王勃要強調「秋水」，長江的水，到了秋季，既充沛又乾淨。

　　同樣是水，為什麼海是藍的，而浪花卻是白的？透明無色的江水，為什麼「驚濤拍岸」後，就會捲起「千堆雪」？道理很簡單，所謂浪花，其實就是小水滴，可以散射各種波長的光，所以浪花就和白雲一樣，變成白色的了。

拉曼像。（維基百科提供）

　　就像看天一樣，人類真正懂得看海也是晚近的事。六十多年前，印度土生土長的物理學家拉曼（Sir Chandrasekhara Raman），

從印度搭船到英國去。天連海、海連天的景況，使他悟出，海水和天空的顏色，都是光線散射所造成的。1921 年，拉曼在英國《自然》雜誌上發表了一篇論文，提出他的散射理論，題目是〈海的顏色〉。古今中外，多少人有過「看海的日子」，卻只有拉曼獨具隻眼，看出別人看不到的東西。

1930 年，拉曼得到諾貝爾獎，這是印度的一大光榮。我們華人也有幾個人得過，但是他們都入了外國籍，又是外國人訓練出來的，就意義上來說，比拉曼差得多了。不知道要到什麼時候，我們也能自己培養出諾貝爾獎得主來。

（原刊《中央日報》1983 年元月 21 日）

從天燈到熱氣球

天燈是中國發明的；1783年6月4日，法國的蒙哥爾費兄弟
首次完成熱氣球升空實驗；本文敘說從天燈到熱氣球的歷史。

大約從1991年起，台北縣平溪鄉十分村的元宵節天燈施
放活動，就成為媒體的焦點。為了迎接千禧年，2000
年元旦，平溪鄉鄉民胡民樹先生製作一盞超大型天燈，高
達18.98公尺，打破金氏世界紀錄。燈上寫著「Keep Going
Taiwan」、「Peace」和「台灣加油」的巨大紅字，巨型天
燈冉冉升空的畫面，隨著全球電視守歲活動，經過七十幾國
的電視連線，進入八億多位觀眾的眼簾。

天燈又叫做孔明燈，傳說是蜀漢宰相諸葛孔明南征時發
明的，用來傳遞軍事信號。中國人有個習慣，常把科技發明
推給古人，其中兩位古人「發明」的東西最多，孔明是其中
之一，另一位就是漢民族的共同祖先黃帝。孔明發明天燈的
說法，我們姑妄聽之，不必認真。

中國的許多科技發明，都是由一代代的無名氏共同完
成的，根本就找不出原創者是誰。以四大發明來說，除了改

良造紙的蔡倫，您能確切地說出發明者是誰嗎？天燈也是如此，我們連什麼時候開始有天燈都不知道，又怎麼知道是誰發明的！

天燈其實就是原始的熱氣球，天燈和熱氣球的升空原理很簡單：熱空氣的密度較小，較同體積的冷空氣輕，將天燈或氣球中的空氣加熱，或灌進熱空氣，豈不就像裝上氫氣一樣，因為浮力的關係而升空了嗎？

天燈的歷史已難查考，但熱氣球的歷史卻十分清楚。1783 年 6 月 4 日，法國的蒙哥爾費兄弟（Montgolfier brothers）首次完成熱氣球升空實驗。同年 9 月 18 日，兄弟倆製作了一個更大的熱氣球，在凡爾賽宮廣場表演，把一隻綿羊、一隻公雞和一隻鴨子送到空中。10 月 15 日，進一步完成載人升空的壯舉，歷史學家齊爾登上熱氣球的吊籃，升空約 25 公尺，為了保險，還用一根長繩子栓住。這年 11 月 21 日，齊爾又與一位侯爵搭乘蒙哥爾費兄弟的熱氣球升到 900 公尺，飛過巴黎上空，在 9 公里外落地，實現了人類的飛行夢想。

蒙哥爾費兄弟發明熱氣球之後，西方學者一直認為：西方人發明熱氣球，是因為他們自古就有一種蛋殼升空遊戲，方法是把蛋殼打個小孔，倒出裡面的蛋白、蛋黃，烤乾，再注入一點兒水，然後用蠟把小孔封住，放在烈日下曝曬，蛋殼就會變輕，甚至隨風升飄到空中。它的原理是：蛋殼曬熱，

1783 年 6 月 4 日，蒙哥爾費兄弟在法國南部阿諾奈（Annonay）首次演示熱氣球版畫。（維基百科提供）

水蒸氣從蛋殼的氣孔外散，殼內空氣的密度因而變小，遇到風自然就飄起來了。

然而，早在西元前二世紀，《淮南子・外篇・萬畢術》就有「艾火令雞子飛」的記載，注：「取雞子，去其汁，燃艾火，內（納）空卵中，疾風因舉之飛。」這和熱氣球的原理豈不更為接近？看來中國才是熱氣球的發源地呢！《淮南子》是西漢淮南王劉安率領門客編寫的，《漢書・藝文志》：「淮南內二十一篇，外三十三篇。」顏師古注：「內篇論道，外篇雜說。」外篇早已失傳，但有不少資料收錄在其他書中，上引資料載《太平御覽》卷九二八〈羽族部〉，另外在卷七三六〈方術部〉也有記載。

研究中國科技史的權威學者李約瑟博士經過縝密思考，終於下了結論：熱氣球是中國人發明的。原因是中國人很早就發明了紙，因而很早就有了輕巧的紙製燈籠。當燈籠頂部的開口較小，而光與熱又較強時，燈籠就會有上升的趨勢。人們受到啟發，於是會自己升空的燈籠——天燈，就誕生了。

李約瑟又說，中國的很多發明，都是蒙古西征時傳到歐洲去的。根據西方史書記載，西元 1241 年，打到歐洲的蒙古人，曾經使用天燈作信號，這或許才是熱氣球理論的源頭吧？

遠在蒙哥爾費兄弟發明熱氣球之前一、兩千年，中國

人就發明了天燈，可惜中國人缺乏蒙哥爾費兄弟般的冒險精神，只知道用來做遊戲，或用來傳遞訊號，從來沒想過用來載人，說來怎能不令人扼腕？

（原刊《經典》2003 年 1 月號）

馮布朗和 V2

馮布朗領導設計 V2 火箭，堪稱飛彈之父。二戰結束時被美國俘獲，主導 NASA，阿波羅登月計畫就是他的傑作。

飛機和火箭都攜帶大量燃料，飛機必須吸入空氣，利用空氣中的氧氣驅動引擎；火箭自備氧化劑，利用燃料和自備的氧化劑燃燒。這是火箭與飛機最大的區別。太空沒有空氣，所以太空旅行必須仰仗火箭。

火箭是中國人發明的。大約從宋代起，中國人就用火藥製作娛樂用的「起火」（沖天炮）。元明之際，火箭已用於軍事，明代更研製出兩節火箭（子母箭），第一節燃料用罄，第二節續飛，技術相當先進。明初有位萬戶（官名），在椅子上綁上四十七支火箭，雙手各拿一個風箏，企圖借著火箭的衝力升空，再借著風箏降落，可惜一點火就被炸死了。這位萬戶成為首位載人火箭的犧牲者。

俗語說，需要是發明之母，曾有很長一段時間，火箭受到冷落，主要是飛機的發展一日千里，不論是民用還是軍用，成效都能立竿見影。火箭呢？太空旅行遙不可及，軍事用途被飛

機、火炮取代。火箭的突破性發展，是二次大戰以後的事。

1944 年 6 月 6 日，盟軍在法國諾曼第半島登陸，開闢第二戰場，德國為了扭轉頹勢，於 6 月 12 日向倫敦發射第一枚 V1 飛彈。V1 使用渦輪引擎，可說是一種遙控無人飛機，它的飛行速度並不快，不少被攔截機和地面炮火擊落。然而，這年 9 月 8 日，德國開始用 V2 飛彈攻擊倫敦，英國對它完全沒有防衛能力。

V2 是世間第一枚大型火箭。與 V1 不同的是，它是垂直發射的，穿過大氣層，在無線電導引下，以拋物線襲向目標。所以一經發射，便無法攔截，唯一的防禦辦法，就是破壞其發射基地，至今仍是對付飛彈的主要方法。

V2 由馮布朗博士（Wernher von Braun, 1912-1977）率領的團隊負責研製，長約十四公尺，重約十三公噸，使用酒精和液態氧作燃料，時速可達 5,630 公里，射程約 320 公里。德國曾發射 4,320 枚 V2，其中 1,120 枚攻擊倫敦，2,500 枚攻擊歐洲大陸目標，其餘用於訓練和試驗。

馮布朗生於東普魯士，出身貴族家庭，父母都有歐洲王室血統，其父為威瑪共和時期的農業部長。1930 年，進入柏林工業大學，兩年後畢業，1934 年獲洪堡大學物理學博士學位，博士論文即為有關液體火箭發動機的研究。就在這一年，納粹上台，火箭列為國家重點項目，1937 年馮布朗成為實驗基地技術部主任，領導設計 V2 火箭。1938 年加入納粹黨，

〔左圖〕左手打石膏者，即被俘時的馮布朗，攝於 1945 年 5 月 3 日。（維基百科提供）
〔右圖〕V2 飛彈試射；1943 年 6 月 21 日於德國東北部的 Peenemünde 試射場；攝於起飛後 4 秒。（維基百科提供）

並進入黨衛軍，具有少校軍銜。

　　戰時馮布朗曾設計過一種兩節火箭，代號 A-9 ／ A-10，重 8.6 公噸，長 22.4 公尺，可以越過大西洋攻擊美國。但在原子彈發明之前，這種造價高昂的飛彈用於軍事並不合算，所以納粹德國在敗亡前並未進行研製。

　　德國戰敗後，納粹飛彈科學家大多被蘇聯俘獲，但首腦馮布朗博士「投效」美國，成為美國的太空計畫之父。美蘇也都取得若干 V2 飛彈，蘇聯還取得工廠設施，對日後發展

助益甚大。

　　戰時德國的火箭、飛彈研究獨步天下，盟軍乏善可陳。德國的戰俘對美蘇的火箭、飛彈研發具有關鍵作用。記得讀大學時在外文雜誌上看過一幅漫畫：美、蘇的人造衛星在太空相遇，打招呼說的是德語 Wie geht es Ihnen?（How are you?）那時我選修德文，所以看得懂這幅漫畫的幽默。

（摘自〈與您談太空探測〉，原刊《白話科學——原來科學可以這樣談》，開學文化，2015 年 2 月出版）

談談奈米科技

奈米是個長度單位，即十億分之一米。如果將地球縮小成十億分之一，將變成玻璃彈珠大小！隨著掃描穿隧顯微鏡的發明，人類已真正進入奈米世界。

奈米（nm）是個長度單位，即 nanometer 的音譯（大陸音譯為納米），具體的說，就是十億分之一米（公尺）。光看數字，您可能想像不出奈米有多小，那就來打個比方吧：如果將地球縮小成十億分之一，將變成玻璃彈珠大小！

首先提出奈米科技觀念的，是美國天才物理學家費曼（Richard Phillips Feynman，1918-1988）。1959 年 12 月 29 日，他在美國物理學會的年會演講，講題是〈There is Plenty Room at the Bottom〉，直譯「底下還有廣大空間」，意譯「往下大有可為」。他說：「何不把二十四卷的《大英百科全書》寫在一個針尖上呢？」經過計算，這是絕對可能的，只要將每個字縮小二萬五千倍就行了。他還預言，人類將可操控原子、分子大小的東西，他說：「我看不出，不能做成直徑十

費曼，1984 年攝於麻州沃爾瑟姆城之羅勃特招待所，其時費曼正在研究人工智慧。（德文版維基百科提供）

至一百個原子的金屬線。」費曼的這場演講，可說是奈米科技的濫觴。

　　西元 1962 年，日本物理學家久保亮五提出一個理論：對於超微粒子，古典物理理論已不敷使用，量子效應已成為不可忽視的因素。科學家了解到，物質在奈米尺度下，

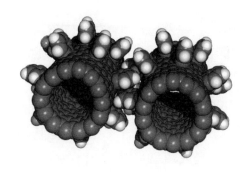

美國太空總署以電腦模擬的分子齒輪。（維基百科提供）

物理、化學性質和巨觀尺度會有不同。例如，銅導電，但奈米尺度下的銅不導電；瓷易碎，奈米尺度下的瓷可以彎曲……。

西元 1974 年，谷口紀男著成專書，創用「奈米科技」一詞，描述「次微米機械加工」，也就是用極精密的機械加工，製成次微米級（比微米還小）的機器。同一年，美國 IBM 的德萊克勒（Kim Eric Drexler）提出「分子與原子級機械」，也就是用單一的分子或原子作為元件，組裝成機器。這些觀念當時都只是理論，當時的正統科學家都認為，在可預見的未來，不可能成為事實。

然而，時代進步太快，過去認為不可能的事，不旋踵就成為事實。人類要控制、操作奈米結構，第一步要先看到它。1982 年，IBM 的德籍物理學家賓寧（Gerd Binning）和瑞士籍物理學家羅雷爾（Heinrich Rohrer），研製出第一台掃描穿隧顯微鏡（簡稱 STM），可以看到金屬表面的原子排列，從此人類真正進入奈米世界。

STM 只能看到金屬原子，1986 年，賓寧的團隊又進一步發明原子力顯微鏡（簡稱 AFM），可以看到非金屬的原子排列，使奈米科技又向前邁進一大步。

1990 年，IBM 的研究員艾格勒（Donald M. Eigler），在低溫下利用 STM 將三十五個氙原子，在鎳板上排出「IBM」三個英文字母，這是人類第一次依照自己的意志，

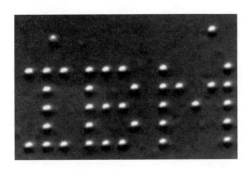

艾格勒以 35 個氙原子所排出的 IBM，每一圓點即一氙原子。（維基百科提供）

操作原子，從此單一原子可以移走，也可以置於另一處。2013 年，IBM 研究團隊操控六十五個一氧化碳分子，拍攝出二百四十二張圖片，組合成約一分鐘的動畫短片《A Boy and His Atom》，在 YouTube 上公布，媒體競相報導，成為轟動一時的新聞。

　　1991 年，艾格勒等完成「原子開關」實驗，奈米機械已不再是夢想，以奈米材料所組裝的元件，不僅體積小、速度快，而且成本低。相信不久的將來，奈米級的機械就可成為事實。

（摘錄〈與您談奈米科技〉，原刊《白話科學》，2015 年 2 月出版）

劉伯文教授與紹興酒

1949 年，約一百二十萬軍民遷台；台灣原無紹興酒，1950 年代，台大農化系劉伯文教授釀成紹興酒，滿足遷台人士的蓴鱸之思；本文敘說這段少為人知的掌故。

如今飯局上最常喝的是紅酒和紹興酒，喝白酒的話，主要是金門高粱，政府遷台初期可不是這樣子。

1949 年，大陸變色，根據林桶法教授研究，前後約有一百二十餘萬軍民東渡，約占台灣人口的七分之一。當時台灣黨政軍政要以江浙人居多，無不懷念家鄉的黃酒（紹興酒），台灣菸酒公賣局（下稱公賣局）可能應當道之請，由埔里酒廠負責研製，至 1953 年正式上市。

日據時期，台灣總督府專賣局（公賣局前身）以生產啤酒、本土酒類及日系酒類為主。光復後，特別是政府遷台之後，啤酒、本土酒類繼續生產；宜蘭酒廠的老紅酒（紅麴酒），1946 年易名「紅露酒」，在 1960 年代之前，曾經是飯局上最常喝的酒品；至於日系酒類，不是停產、減產，就是改頭換面，例如 1952 年推出的烏梅酒，就是以日本的梅酒和李

子酒為基礎釀製而成的。

然而，政府遷台初期，公賣局對於中國大陸南方的黃酒、北方的白酒，一時還不能趁手。民國1953年埔里酒廠所推出的紹興酒，口感類似日本清酒，有紹興酒之名，無紹興酒之實，並不能滿足東渡者蓴鱸之思。將類似日本清酒的紹興酒，改良成真正的紹興酒，關鍵人物是台大農化系教授劉伯文教授（1900~1980）。

劉伯文教授（下稱先生）湖北京山人，生於清光緒二十六年（1900），少時負笈東瀛，先入東京高等師範學校理化科，後又考入北海道帝大農化科，畢業後在該校研究院深造，潛心釀造化學。九一八事變爆發，先生基於民族大義，毅然放棄即將完成的博士論文，返國共赴國難。

先生回國後，先執教於湖北省立教育學院，後又任教國立北平大學，1937年日寇全面侵華，先生隨政府西撤，先後執教於西北大學和廣西大學，後應廣西省政府之邀，出長廣西酒精廠，生產燃料酒精，以應軍需。抗戰勝利，先生應湖北省政府之邀，出任漢口化工廠廠長。1947年，應台大農化系之聘，重返教育崗位，任教至1973年退休。

公賣局釀製不出口感上讓人認可的紹興酒，就求助於先生。大約從1956年起，先生指導台大農化系學生楊清、林春宗、黃雲英、張輝哲、鄭富年、楊子根等從事紹興酒釀製研究，兩三年內就找到適當的菌種，釀出具有紹興酒風味的

劉伯文教授與孫兒、孫女攝於温州街寓所。（劉正民攝）

紹興酒。1960 年，先生以「釀造紹興酒新方法」取得發明專利（專利證書號 001726），這是台灣釀造史上的大事，值得大書特書，後來有人介紹他是台灣紹興酒之父。當時日本人要買他的專利，先生不願賣給外國人，其民族氣節可見一斑。

　　紹興酒之後，先生又應金門防衛司令部之請，協助改良金門高粱酒，也曾應經濟部之請託去過馬祖酒廠。1971 年，先生指出市售皮蛋大多含有密陀僧（一氧化鉛），提出無鉛皮蛋的製法，媒體曾經喧騰一時，這是先生最為人知的一項

研究。

　　筆者與先生次子正民兄同窗，當年經常出入溫州街劉宅，先生之音容笑貌如在眼前。近二十年來筆者致力科學史，竊思在本土化大纛下，許多對台灣有過重大貢獻的東渡學者，都被有意無意地忽略了。謹以虔敬之心，將先生改良台灣紹興酒的事寫下來，以發前賢之潛德幽光。

（原題〈我所知道的劉伯文教授〉，刊《大眾科學》1980 年 10 月號，經改寫而成此文）

煙火追追追

火藥是中國發明的，煙火也始自中國；大約北宋時，各種中式煙火已經齊備。本文敘說中式煙火，也敘說西式煙火，無異是一堂煙火的科普課。

每年國慶，各大都市都會施放煙火。煙火彈在高空爆炸，開出各種顏色、式樣的火花，將天空妝點得無比燦爛，為紀念活動帶來高潮。

煙火會有各種顏色，是因為在火藥中加入了鹽類。舉例來說，加入鈉鹽會產生黃色，加入鍶鹽會產生紅色，加入銅鹽會產生藍色，加入鋇鹽會產生綠色。讀者可以做個實驗：用鑷子夾點食鹽（一種鈉鹽）在火上燒，看看火燄呈什麼顏色？

在台灣，施放煙火一般由聯勤總部執行。這是因為煙火彈要用臼炮打到高空，只有軍方才有較完善的設備。

火藥是中國發明的。大約唐朝初年（七世紀），煉丹的道士們無意中發現，硝石、硫黃和木炭放在一起，燃燒時會引發猛烈的火燄，經過多次嘗試，火藥就發明了。

有了火藥，接著就有了煙火。經過兩、三百年的發展，到了北宋（十一世紀），現有的各種鞭炮和中式煙火已一應俱全，甚至有了高難度的架子煙火。

中式煙火主要分為三類：起火、太平花和架子煙火。起火現稱衝天炮，可說是原始的火箭。太平花現稱「勝利火花」，大號的能噴好幾丈高，畫著弧形鋪滿一地。架子煙火有好幾種，其中一種稱為「花盒子」，是將「藥繩」按照設計好的圖案盤在高架上的紙盒子裡，一經點燃就會出現亮眼的圖案。這種煙火可以一層層地「放映」，甚至可以演出一齣戲劇。可惜這種煙火現在可能已失傳了。

《金瓶梅》第四十二回，敘說西門慶命人將煙火架子抬到街心，是一種將鞭炮、起火、太平花和花盒子架在同一個架子上的煙火。點著後只見：

> 一丈五高花椿，四周下山棚熱鬧。最高處一隻仙鶴，口裡銜著一封丹書，乃是一枝起火，一道寒光，直鑽透斗牛邊。然後，正當中一個西瓜炮迸開，四下裡人物皆著，霹剝剝萬個轟雷皆燎徹。彩蓮舫，賽月明，一個趕一個，猶如金燈沖散碧天星；紫葡萄，萬架千株，好似驪珠倒掛水晶簾泊。霸王鞭，到處響亮；地老鼠，串繞人衣。瓊盞玉台，端的旋轉得好看；銀蛾金彈，施逞巧妙難移。八仙捧壽，名顯中通；七聖降妖，通身是火。黃煙兒，綠煙兒，氤氳籠罩萬堆霞；緊吐蓮，慢吐蓮，燦爛爭開十段錦。一

《金瓶梅》第四十二回「放煙花圖」版畫，顯示明、清時架子煙火的施放情景。

丈菊與煙蘭相對，火梨花共落地桃爭春。樓台殿閣，頃刻不見巍峨之勢；村坊社鼓，彷彿難聞歡鬧之聲。貨郎擔兒，上下光焰齊明；鮑風車兒，首尾迸得粉碎。五鬼鬧判，焦頭爛額見猙獰；十面埋伏，馬到人馳無勝負。總然費卻萬般心，只落得火滅煙消成煨燼。

中國人發明的火藥，大約十四世紀傳到西方（歐洲）。經過幾百年的發展，西方人發展出高空煙火。到了十九世紀末，高空煙火傳到日本，再經由日本傳到中國，所以國人曾經把高空煙火稱為「東洋煙火」。

前面說過，高空煙火的煙火彈要用臼炮打到天上。因此，所謂煙火彈，其實是個紙殼炮彈。這個紙殼炮彈的中央，填充著摻上稻糠的火藥（使它爆炸不致過於猛烈）。紙殼的內壁，排列著用火藥和發色劑調成的丸狀「光珠」。當煙火彈射到高空，定時引信引起爆炸，光珠隨之起火，向四面八方迸裂，於是就形成了我們所看到的煙火。

如果大煙火彈中套著小煙火彈，會分兩次爆炸，形成兩個同心圓狀煙火。如果煙火彈分成更多層，就會形成更複雜的圖案。

高空煙火可供很多人觀賞，最適於慶典施放。中式煙火只能供少數人觀賞，現在大型慶典已很少用了。

（原刊《小大地》2001 年 10 月號，經增補而成此文）

豆腐和醬油

豆腐據說是淮南王劉安發明的，遲至宋代已成為市井小民的食品；醬油約出現於魏晉南北朝，到了唐代才開始普遍。

大豆原產中國，古人稱為「菽」，是五穀（稻、麥、黍、菽、稷）之一。大豆可製成豆豉、豆醬、醬油和豆腐，其中豆腐和醬油是中國的重大農業化學發明。

大豆含有豐富的蛋白質，經過發酵，析出胺基酸，不但營養，更有特殊的鮮味。以大豆製豆豉，可能始於戰國。豆醬至遲出現於東漢。醬油約出現於魏晉南北朝，到了唐代才開始普遍。

《論語‧鄉黨》孔子「不得其醬不食」。孔子在世時，豆豉、豆醬和醬油還沒出現，他老人家所吃的醬，主要是芥醬和各種醢，如肉醬、蛤醬、魚醬等。各色各樣的醬，和各種食物搭配，久而久之就約定成習，甚至形成一種「禮」，隨意搭配非但不合味，也顯得粗野不文。這或許就是「不得其醬不食」的真義。

豆豉、豆醬和醬油出現後，先秦的各種醬，逐漸走入歷

史。使用醬油，是中國菜的特色之一。在宋代以前，烹飪以蒸、煮、炸、烤為主，醬油主要作為蘸料，和現今的日本料理差不多。到了宋代，鐵鍋開始普遍，「炒」成為常用的烹飪方法，醬油成為入味的作料。大量使用醬油的「紅燒」，可能也是由宋代開始的，東坡肉就是個典型的例子。

將大豆磨碎，濾除渣滓，就成為豆漿。豆漿是一種膠體，加入電解質（如石膏、鹽滷），就會產生凝析作用。以壓榨的方法去除多餘的水分，如壓榨較輕，就成為豆花（北方稱

豆腐、豆腐乾、豆腐皮、油豆腐等豆製品，Anna Frodesiak 攝於海南島海口市。（維基百科提供）

為豆腐腦）；如壓榨較重，就成為豆腐。豆腐再經進一步壓榨，可製成豆腐乾。豆腐乾經過發酵，可製成豆腐乳等食品。

豆腐據說是淮南王劉安發明的，至今仍是豆腐業的行業神。最早的記載見五代謝綽的《宋拾遺錄》：「豆腐之術，三代前後未聞有此物，至漢淮南王始傳其術於世。」劉安（淮南王）是道家人物，水法煉丹時偶然中發明豆腐不無可能。也有人認為豆腐起源於唐末或五代。到了宋代，豆腐已極普遍，南宋‧吳自牧《夢粱錄》卷十六酒肆：「更有酒店兼賣血臟、豆腐羹、燒螺螄、煎豆腐、蛤蜊肉之屬，乃小輩去處。」可見南宋的臨安，豆腐羹（可能指鹹豆漿）和煎豆腐已成為市井小民的食品。

醬油和豆腐很早就傳到韓國和日本，傳到西方是十九世紀末的事。到了二十世紀後半葉，西方人已普遍接受了醬油和豆腐，特別是豆腐，更被視為典型的中國食品，他們音譯為 tofu，麻婆豆腐已成為風行世界的一道中國佳餚。

（2016 年 7 月 17 日）

輯二

生物類

萬物生於有，有生於無

古時不論東方或西方，都認為生物可以自然發生，到了十九世紀才證實生物必定源自生物。然而早期的地球呢？本文敘說這段正反合的認知過程。

科學未發達之前，任何民族都相信生命可以由沒有生命的東西變成。這種說法，稱為「自然發生說」。西方大哲亞里斯多德（西元前 384−322）也不例外。

亞里斯多德著有《動物誌》，對動物的生殖觀察入微，如已觀察到鯊魚是卵胎生的等等，但對於較低等的動物，卻認為牠們沒有親代，直接由泥沙產生。

亞里斯多德也觀察過鰻魚，認為鰻魚是由泥土變成的。事實上，鰻魚游到遠洋產卵，幼魚呈柳葉狀，形態和成魚完全不同，當牠們漂流到河口，才慢慢變成鰻魚的樣子。古人哪看得出來啊！

不論中西，都認為肉類一旦腐爛了，就會自自然然的長出蛆來，人們對此深信不疑。

西方文藝復興以後，學術一日千里，到了十七世紀，更

發展出啟蒙運動，一些傳統的觀念受到挑戰。1688 年，義大利醫師雷迪（Francesco Redi），做了一個簡單的實驗：他用四個廣口瓶，分別置入魚、鰻、死蛇和牛肉，然後把瓶口封住；同時又另取四個廣口瓶，分別裝進同樣的東西，但並不封口。過了一段時間，沒封口的瓶子由於蒼蠅進進出出，都長出蛆來；封口的瓶子蒼蠅進不去，所以沒有長蛆。雷迪因而得出結論，腐肉本身並不會長蛆，蛆是蒼蠅的卵孵化出來的。

雷迪的結論稱為「生源說」，意思是說，生命一定來自生命，不可能由無生命的東西產生。雷迪的實驗簡單明瞭，問題似乎已經解決，再也不需討論。然而，差不多同時，荷蘭人雷文霍克用自製的顯微鏡發現了微生物。面對那些奇妙的細菌、藻類和原生動物，人們不禁大惑不解，這些小生命是怎麼來的？是不是自然發生的？

到了十八世紀，人們發現，把乾草浸入水中，幾天後就有微生物出現。要是把浸汁煮沸，殺死微生物，幾天後浸汁中仍可找到它們的蹤跡。相信自然發生說的人認為，是自然發生的；但相信生源說的人認為，煮沸過的浸汁會產生微生物，是因為空氣中含有微生物的孢子。爭論並未畫下休止符。

到了十九世紀後半葉，自然發生說和生源說仍在爭執不休。1859 年，主張自然發生說的法國博物學家普希特（F. A. Pouchet）做了一個實驗。為了證明浸汁中的微生物並非來自

空氣，他在實驗室裡自己配製空氣，又用氫、氧燃燒製成水分，結果浸汁中仍然出現了微生物！看來自然發生說占上風了。

這時大科學家巴斯德也加入論戰。巴斯德認定，要是空氣中沒有孢子，浸汁中就不會出現微生物。為了證實他的想法，他將瓶中的浸汁煮沸，趁熱將瓶口燒成鵝頸狀，有的瓶口封死，有的彎曲處灌上水，隔絕外面的空氣。過了四年，也就是 1864 年，把這些瓶子交給仲裁委員會，審查結果，完全隔絕空氣的果然沒有細菌。委員會宣布，巴斯德獲勝，一場擾攘了近兩百年的爭論終於有了結論。

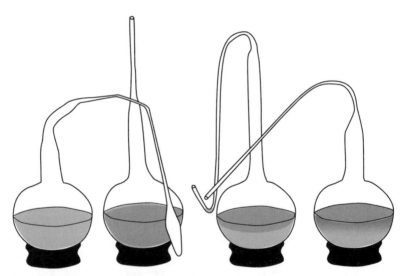

巴斯德鵝頸瓶實驗示意圖。完全隔絕空氣者（左一）未變質，彎曲處有水珠阻擋者（左三）稍稍變質，開口朝上者（左二）變質最嚴重，曲頸開口者（左四）次之。（彭範先繪）

巴斯德的實驗，證實生命一定源自生命。然而，最初的生命是哪來的？地球約形成於四十七億年前，剛形成時是一團熾熱的火球，後來才慢慢冷卻。因此，如果生源說屬實的話，最早的生命只能解釋成外太空來的，瑞典的阿瑞尼亞斯（Svante August Arrhenius）倡導這個說法最力。

宇宙飛來說認為，微生物的孢子能夠耐受極惡劣的環境，隨著隕石到達地球，經由演化，而成為芸芸眾生。然而，宇宙飛來說有一個基本矛盾，就是它只能解釋地球上的生命起源，不能解釋所有生命的起源。如果地球上的生命是外太空來的，那麼外太空的生命又是從哪來的？

現今一般科學家相信，早期的地球和現今大不相同，在當時的條件下，自然發生是可能的。

第一位提出地球上曾經有過自然發生的科學家，是俄國生物學家歐帕林（Ivanovich Oparin），他認為生命的自然發生必定經歷三個過程：（一）簡單有機物的發生，（二）蛋白質的發生，（三）其他代謝物的發生。也就是說，經由自然發生，碳、氫、氧、氮等合成簡單的有機分子，進而合成較複雜的有機分子，再進一步合成原始的細胞。

英國的哈爾丹（John Burdon Sanderson Haldane）汲取化學與天文學知識，認為早期的大氣中充滿了氫、氨和甲烷，氫和這些有機物，就成為自然發生的基本原料。至於自然發生所需的能量（任何化學反應都需要能量），不外兩方面：

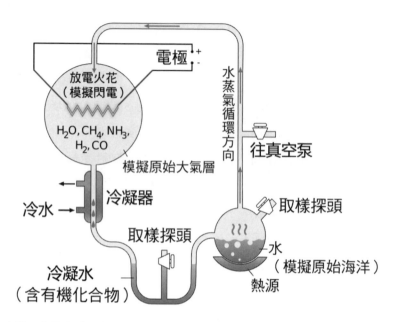

米勒—尤雷實驗示意圖，Yassine Mrabet 繪製，Caiguanhao 簡體中譯（本書作者改為正體，並略加損益）。（維基百科提供）

太陽能和閃電。早期地球沒有氧氣，太陽輻射不經過濾，直接照射地面；早期地球沒有微生物，不會引起變質或腐化。在這樣的環境下，原始有機物合成的機率相對提高。

在原始海洋中，自然合成的有機物逐漸累積，彼此互相碰撞，更增加了反應的機會。有機分子經過長期演化，逐漸變大、變複雜，當蛋白質和核酸聚在一起，並裹上一層外膜時，原始細胞就出現了。

摹擬早期地球的科學家，最有名的是美國的米勒（Stanley Lloyd Miller）。1953 年，與其師尤雷（Harold C. Urey，1934 年獲諾貝爾化學獎）將甲烷、氨、水蒸氣和氫導入特殊裝置中，在高頻放電火花中處理一星期，經過分析，溶液中含有甘胺酸、丙胺酸，是蛋白質中最常見的胺基酸。溶液中還有甲醛，它是醣類的先驅物。

美國科學家喀爾文（Wendy M. Calvin）用 γ 射線作用上述四種氣體，除了產生胺基酸，還產生了構成核酸的嘌呤和嘧啶。這些摹擬早期地球環境的實驗，都指向一個共同結論：生命誕生於地球，起初是自然發生的。

這個結論也印證了老子的話：「天下萬物生於有，有生於無。」（《老子》下篇第四十章）

（摘自《生命》第七章，《生命》1975 年 6 月出版）

眾生化育說從頭

雞蛋可以孵化出小雞，是雞蛋中原本就有一隻具體而微的小雞？還是原本一無所有，後來才慢慢變成小雞？本文以簡要的文字，敘說這一生物學上的公案。

　　　個受過精的雞蛋，孵化二十一天，就可以變成一隻小雞。在雞蛋的時候，渾渾沌沌，但是孵成小雞後，卻五臟六腑一應俱全，成為一個道道地地的小生命。

　　對於神秘難解的自然現象，一般人不會深究，但是一些智慧高超的先哲們，在驚羨造物之餘，卻會往深一層思考。西元前 300 年頃，亞里斯多德提出兩個學說來解釋這個問題。第一個學說認為，受精卵中本來就有一隻具體而微的小生命，只是形體太小，我們看不出來。第二個學說認為，受精卵中原先並沒有一隻具體而微的小生命，小生命是由受精卵裡的物質漸漸發育而成的。前者稱為先成說，後者稱為新生說。

　　差不多在同一時代（或稍後），我國的一些哲人也提出「卵有毛」等命題（見《莊子‧天下篇》）。提這類命題的人很容易被視為詭辯，所以當時的人稱他們為「辯者」。其

實，「卵有毛」就是亞里斯多德的先成說。辯者們的意思是說：要是卵中沒有羽毛，小雞的羽毛又從哪裡來？

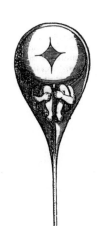

哈特索克（Nicolaas Hartsoeker），荷蘭數學家暨物理學家。約1694年，發明以螺旋調整焦距的顯微鏡。哈氏以顯微鏡觀察人類精子時，自稱看到精子內有一個具體而微的小人。圖為哈氏所繪人類精子素描。（維基百科提供）

辯者們喜歡爭辯問題，既然有人提出先成說，一定會有人提出新生說來反駁他們，可惜〈天下篇〉只記下先成說的命題，沒記下新生說的命題。但根據情理推斷，當時先成說與新生說的爭辯一定相當熱烈。

亞里斯多德與我國辯者之後，這個問題就導入玄學與宗教層面上去。在歐洲，基督教得勢，一切自然現象的解釋皆以教義為依歸。基督教主張聖父、聖子、聖靈三位一體，聖靈充乎蒼冥，無所不在，聖靈交感，即化育為人。在我國，陰陽五行之道盛行，玄學統攝一切，對於生命的解釋，亦大多不知所云。

文藝復興之後，古希臘的成就重新受到注意，亞里斯多德的先成說與新生說也被人提出來討論。當時有人贊成先成

說，有人贊成新生說。一般來說，生物學家鑑於器官的發生從無到有，大多主張新生說；其他學科的學者則根據邏輯上的推演，大多主張先成說。先成乎？新生乎？這個生物學上的老問題一直沒有答案。

但是時代不斷進步，不論怎麼困難的問題，也有豁然開朗的一天。1888 年，德國動物學家羅克斯（Wilhelm Roux）做了一個簡單的實驗，他將完成第一次分裂的蛙卵（這時受精卵一分為二），用針刺死其一，結果未遭針刺的細胞，只能發育成半個胚胎——有時是頭、有時是尾，有時是左半部、有時是右半部。

羅克斯的實驗，意味著個體在受精卵的時候，就預先決定好了。如果兩個細胞中有一個是預備發育成左半身的，那麼這個細胞就只能形成左半身，不能形成右半身。因此，根據羅克斯的實驗來看，先成說似乎較為接近事實。

由於羅克斯的實驗極為有趣，所以有很多人步他的後塵，用種種材料，做類似的實驗。其中最值得一提的是德國生物學家暨哲學家德利希（Hans Driesch）。他用海膽的受精卵做材料，當受精卵分裂成兩個細胞時，他將其中之一切除，結果剩下的一個仍能發育成正常的海膽。因此，德利希主張新生說較為正確。

羅克斯與德利希展開一場論戰，許多科學家出來當證人——重複他們的實驗，發現兩個人都對也都不對。當蛙卵

分裂成兩個細胞，刺死一個後，剩下的一個雖然多數只能發育成半個胚胎，但仍有少數發育成正常的蝌蚪。德利希的海膽受精卵實驗也是一樣，去除一個後，剩下的一個有時也會形成半個胚胎。

至此，先成說和新生說的爭論仍然不見分曉。先成說的最大弱點是，與胚胎發育過程不符；新生說的最大弱點是，對於胚胎的發育，無法作神學以外的解釋。

如果依照新生說的說法，生命是受精卵一步步發育而來的，那麼是誰在指導這個發育過程？相信先成說的人認為是上帝；也就是說，相信必然有個至高主宰。然而，自十九世紀以降，生物學家已逐漸揚棄了生機論，相信生物的種種活動，都遵循一般的物理、化學原理原則，並沒有什麼神秘之處。胚胎的發育雖然微妙、複雜，但也絕不是「神者難明」。難以明白的可能是生物學還不夠發達，無法窺破生命的底蘊。

1924 年，德國胚胎學家斯匹曼（Hans Spemann）將蛙胚外胚層上日後變成神經管（神經系統先驅）的部分切下，放在培養皿中培養，發現這塊切下來的外胚層雖然可以存活，但不能發育成神經管。斯匹曼想：為什麼這片組織在胚胎上可以發育成神經管，離開胚胎就不行了呢？外胚層下有一層中胚層，是不是中胚層刺激了外胚層，使之發育為神經管？他又做了幾個更精巧的實驗，證明他的推論是正確的，即中胚層可以「誘導」外胚層形成神經管。

此後科學家又做了許多實驗，證明胚胎的各個部分都會互相影響。相信新生說的人認為問題已經解決，但相信先成說的人認為，「新生」只是一個形之於外的現象，這個現象的藍圖仍是「先成」的。

二次大戰以後，現代生物學興起，基因的奧秘既經闡明，其他的枝節問題也就迎 而解。生命者無他，不過是基因譜成的一齣戲劇而已。個體的發育固然是「新生」的，但生命始自受精卵，個體的遺傳資料在受精的一剎那就決定好了，日後的發育，完全受「先成」的基因所控制。因此，「先成」也不能說不正確。兩者都沒錯，錯的是從前知識不足，看不到問題的根本。

現代生物學告訴我們，基因的複製是恆定的。一個生物的所有細胞，所含的遺傳資料都和受精卵完全相同。因此，在生命的邏輯上，細胞是部分，也是全體。1968 年，英國生物學家戈登（John Gurdon）所做的實驗更說明了先成說與新生說的爭辯毫無意義。戈登以紫外線將蟾蜍未受精卵的細胞核破壞，然後植入同種蟾蜍的腸黏膜細胞核，結果竟如正常的受精卵一樣，發育成一隻完好的蝌蚪！

腸黏膜細胞是「新生」的，但移植到細胞核已遭破壞的未受精卵裡，卻能像受精卵一樣，經過一定的步驟，發育成一個成體。是先成還是新生？用傳統的模型來衡量，就要大費周折了。

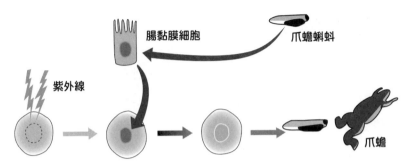

戈登非洲爪蟾複製實驗示意圖，戈登因這項研究榮獲 2012 年諾貝爾獎。（彭範先繪）

在洞悉生命底蘊的現在，攬鏡自照，更添加了一份額外的蒼涼感。我多麼希望能生活在知識未開的時代，當我看到一隻小雞從蛋殼裡鑽出來時，能為牠思量，為牠遐想……。

（原刊《讀書人》1978 年 3 月號）

從學習到望梅止渴

本文以「望梅止渴」等四則古書記載，說明國人早已知道心理
學上的制約反應，可惜未能歸納出原理、原則，也就未能成為
一門學問。

在心理學上，將學習定義為「經由經驗所產生的行為改
變的過程」。心理學將學習分為幾類，其中之一就是
制約反應，亦即動物經過訓練以後，會產生一定的「聯想」，
因而產生一定的行為。最有名的例子就是巴夫洛夫的制約實
驗。巴氏每次餵狗的時候就搖鈴鐺，久而久之，即使只搖鈴，
不餵狗，狗也會流口水。巴氏稱第二刺激——鈴聲，為制約
刺激，對制約刺激所產生的反應，即為制約反應。

巴夫洛夫是俄國人，生理學家，於 1904 年榮獲諾貝爾
生理學或醫學獎。他在二十世紀初所做的一系列實驗，首次
為學習研究奠定生理學基礎，在科學史上具有泰山北斗般地
位。「搖鈴流涎」看起來像是小道，但經過歸納、演繹，卻
開創出一大套學問。歸納、演繹正是科學精神（或方法）。
科學與非科學的分野，往往就在於會不會從簡單的事象，推

巴夫洛夫晚年畫像，Mikhail Nesterov（1862-1942）繪，作於 1935 年，即巴氏去世前一年；此幅 1941 年曾獲蘇聯史達林獎。（英文版維基百科提供）

演出具有統攝性的理論。

　　說起來可惜，巴夫洛夫的制約觀念，我國古已有之，只是古人沒有進一步探索，一直停留在「準科學」階段。以下筆者所經眼，將我國典籍中與制約反應觀念有關的資料論列於後。

　　其一，南朝・宋・劉義慶《世說新語》〈假譎第二十七〉：「魏武行役，失汲道，軍皆渴，乃令曰：『前有大梅林，饒子，甘酸，可以解渴。』士卒聞之，口皆出水；乘此得及前源。」

魏武即曹操。曹操精於權謀，深知心理。梅子是酸的，吃梅子的時候，舌頭上的味蕾受到刺激，經神經傳導到腦，再由腦發出命令，促進唾液腺分泌唾液。經過若干次經驗後，一聽到梅子，立即引起酸的「聯想」。換句話說，梅子已成為制約刺激，可以和「酸」一樣，引起反應。

曹操是二世紀人，如確有「望梅止渴」的事，就要比巴夫洛夫早上一千七百餘年；即使是劉義慶杜撰的，也比巴夫洛夫早上一千四百餘年。

其二，唐‧張鷟撰《朝野僉載》上有一段話：「東海孝子郭純喪母，每哭則群鳥大集。使檢有實，旌表門閭。後訊，乃是孝子每哭，即撒餅於地，群鳥爭來食之。其後數如此，鳥聞哭聲以為度，莫不競湊，非有靈也。」

這是一個典型的制約「實驗」，極為精彩。「實驗者」訓練鳥群，使之聽到哭聲，群集而至。可惜「實驗者」「實驗」的目的不是為了科學研究，而是為了求得一紙表揚狀；否則制約理論的創始人，非東海孝子郭純莫屬！張鷟係唐高宗至唐玄宗時（七、八世紀）人，距巴夫洛夫有一千一、二百年。

其三，宋‧陳善撰《捫蝨新話》卷九十一上有一段記載：「人有於庭檻間鑿池以牧魚者，每鼓琴於池上，即投以餅餌，其後魚但聞琴聲丁丁然，雖不投餅餌，亦莫不跳躍而出，客不知其意在餅餌也，以為瓠巴復生。」

這一則「鼓琴魚躍」比上一則「哭母鳥集」更好玩。兩

者都以餅為「餌」，是否後者看到《朝野僉載》這本書，得到靈感，才精心設計了這個騙局？陳善是十二世紀時人，距巴夫洛夫有七百餘年。

瓠巴是古時名琴師。「瓠巴鼓琴，而鳥舞魚躍。」（見《列子·湯問篇》）這樣看來，瓠巴才是始作「騙」者了；果真如此，中國之有制約觀念，該比巴夫洛夫早上兩、三千年了！

其四，徐文長（徐渭）故事上有段記載，大意如下：徐文長的叔叔，來到徐文長家，指責徐文長行為過於放蕩。徐文長心生一計，溜到屋後，對著他叔叔騎來的驢子作一個揖，然後重重鞭打牠一頓。如此「訓練」多次，待他叔叔騎上驢要走時，徐文長趨前恭恭敬敬對著他叔叔作了一個揖。那頭驢子以為又要挨打，一驚之下，把徐文長的叔叔摔下來，跌得鼻青眼腫。徐文長是十六世紀時人，距巴夫洛夫也早上三、四百年。

從望梅到揖驢，一千多年間，有關制約反應的「實驗」不絕如縷。但從上述四則記載來看，有三則是用來騙人的，一則是用來惡作劇的，說來令人痛惜。

賤工末技的傳統加上缺少科學方法，使得我國的科學一直停留在「準科學」階段。我們雖有若干發現，但總是孤立的；既歸納不出什麼原理、原則，也形成不了連鎖反應。幾千年來，一直停留在李約瑟所謂的「經驗長夢」中，這是中

國人的悲哀，也是中國人最值得檢討的地方。

　　自洋務運動學習西方的科學，到現在已學習了一百多年，但是不論是台灣的中國人還是大陸的中國人，似乎只學到科學的「器」，仍未學得科學的「道」。可能是中國文化中有某些因素，使得我們學習科學格外吃力。我們似乎應該從文化層面上作一番反省，否則恐怕再學習上一百年，仍然免不了望梅止渴！

　　　　　　　　　　　（原刊《大眾科學》1982 年元月號）

蝙蝠聲納系統的發現

蝙蝠飛行靠聽覺嗎？從 1793 年科學家開始注意這個問題，直到 1938 年才真正證實。本文以生動的文字敘述這段歷史。

東西方對事物的看法往往不同。舉例來說，中國人認為龍是「四靈」之一，但西方人卻把龍和妖魔鬼怪並列。蝙蝠是另一個例子，中國人以蝙蝠的諧音象徵「福」，西方人卻把蝙蝠看成魔鬼的使者。英國詩人吉卜靈說過：「東方是東方，西方是西方」，東西方之間的確有很多差異。

然而，儘管中國人把蝙蝠看成「福」，西方人把蝙蝠看成魔鬼的使者，到了動物學家眼裡——不論他是東方人還是西方人，蝙蝠這個詞就成為一類哺乳動物（翼手目）的泛稱。這類哺乳動物分成大蝙蝠（大翼手亞目）和小蝙蝠（小翼手亞目）兩大類。

大蝙蝠又稱食果蝠或狐蝠，產在熱帶或亞熱帶，臉部平整，大多有雙大眼睛，夜裡靠著視覺找尋果實。小蝙蝠的眼睛很小，飛行時主要靠耳朵，尤其是抓蟲吃的蝙蝠（如家蝠），更是全靠耳朵，這就是大家所熟知的蝙蝠聲納（回聲

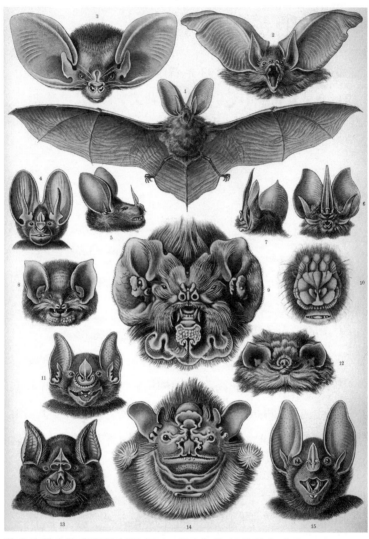

著名德國生物學家赫克爾（Ernst Haeckel）於其著作《*Kunstformen der Natur*》(1904) 的翼手目圖版。顯示大耳朵和奇形怪狀的口鼻部，皆與回聲定位系統有關。（維基百科提供）

定位）系統。這個系統的發現，在科學史上有段曲折的故事。

1793 年，也就是乾隆五十八年，英國使臣馬戛爾尼到中國那一年，有一天一隻蝙蝠飛進義大利神父暨生物學家斯布蘭占尼（Lazzaro Spallanzani）的書房，當時屋裡漆黑，那隻蝙蝠卻不會碰到任何東西，這件事激起斯布蘭占尼的好奇心，他決定做個實驗，看看蝙蝠是用什麼神奇本領看清東西的。

（2015 年 9 月 13 日，英國天文學家、諾貝爾獎得主威爾遜博士在空軍新生社演講，一位聽眾問他：「要怎樣才能做一位傑出的科學家？」他謙遜地說：「當然要靠一些運氣。」然後又坦誠地說：「我想，天分是先覺條件，再加上隨時對周遭異常現象的警覺心，實驗科學家還要知道自己所要找的到底是什麼。」威爾遜博士的這番話，剛好可以作為斯布蘭占尼的註腳。蝙蝠在漆黑的屋裡飛行，不會碰到東西，這是個異常現象，斯布蘭占尼抓住這個一般人習以為常的異常現象，揭開了蝙蝠飛行的秘密。）

斯布蘭占尼把蝙蝠捉住，用火將其眼睛燒瞎，等傷好了再放出來讓牠在漆黑的書房裡飛，結果仍然飛行自如。這個實驗證明，蝙蝠飛行可以完全不靠眼睛！

不靠眼睛，那靠什麼？斯布蘭占尼猜想，可能靠耳朵，於是他用蠟封住蝙蝠的耳朵，果不其然，蝙蝠會一再碰到障礙物，無法正常飛翔。根據這個實驗，他推論：蝙蝠的耳朵在飛行中一定扮演著重要的角色。

義大利生物學家斯布蘭占尼畫像。
（維基百科提供）

斯布蘭占尼的理論提出後，大家都不相信，大科學家居維葉（Georges Cuvier）用嘲弄的口吻質問：「如果蝙蝠能用耳朵看東西，是不是也可以用眼睛聽聲音？」對於瞎了眼的蝙蝠仍能自由飛翔，居維葉認為，那是因為蝙蝠的觸覺特別靈敏。

居維葉是拿破崙時代最著名的科學家，他受知於拿氏，當過大官，又是比較解剖學和古生物學的創建者，他的話在當時可謂一言九鼎。經過居維葉的嘲弄，斯布蘭占尼的發現被埋沒了將近一個世紀。

（在科學史上，新理論剛提出時，同行們往往不能接受。1983 年的諾貝爾生醫獎得主麥克林杜克女士也是個例子。遠在四十年前，她就提出「基因移動性」的理論，無奈一直沒受到重視。1983 年她已經是位八十二歲的老太太了，拜長壽之賜，才領到諾貝爾獎——這個學術最高榮譽是不頒給死人的。）

1908 年，也就是光緒三十四年，光緒、慈禧相繼病逝那一年，美國青年科學家哈恩（W. L. Hahn）重新探討這個懸

而未決的問題。他在實驗室的天花板上掛上一排一公釐粗細的銅絲，間距一英尺。他把弄瞎了眼睛的蝙蝠分成兩組，一組耳朵裡灌上蠟，一組身上塗上凡士林，讓牠們在實驗室裡飛，結果發現，塗上凡士林對飛行沒有妨礙，但耳朵裡灌上蠟飛起來就不靈光。哈恩的實驗推翻了蝙蝠飛行靠觸覺的說法，證明蝙蝠的耳朵的確和飛行有關。不過蝙蝠是怎麼用耳朵「看」東西的，哈恩說不出個所以然來。

過了十二年，也就是 1920 年，中國發生直皖戰爭那一年，英國生理學家哈特瑞奇（H. Hartridge）提出一套假說，認為蝙蝠可能利用回聲定位的原理飛行，也就是說，蝙蝠能發出波長很短、人耳無法聽得到的超音波，如果遇到障礙物，根據反射回來的回聲，就能知道障礙物的大小、方向和距離，進而調整自己的飛行方向。

這個假說雖然完美，如果不能證實蝙蝠的確會發出超音波，還是不能讓人信服。又過了十八年，也就是 1938 年，台兒莊大捷那一年，美國哈佛大學的研究生格瑞芬（Donald Griffin）才用一種可以測出超音波的儀器，證實了哈特瑞奇的假說。

很多人都說，聲納是從蝙蝠學來的，其實聲納是 1921年發明的，那時人們對蝙蝠的回聲定位系統還沒完全了解。

（原刊《野外雜誌》1984 年 3 月號，原題〈蝙蝠的故事〉，經節略而成此文）

唐太宗和白鸚鵡

唐貞觀五年林邑等獻白鸚鵡，白鸚鵡不習慣北方氣候，唐太宗把牠交還使者，送回本國去了。傳世的〈閻立本職貢圖〉畫的是這次入貢嗎？本文給出答案。

今年（2001）7月初，我到教育廣播電台上節目。時間還早，信步到植物園走走，不期然地被一陣聒噪聲吸引住，抬頭一看，竟然是一群白鸚鵡！過去曾經在寵物店看過這種大型鸚鵡（寵物店稱巴旦鸚鵡），在野生環境看到牠們這還是生平第一遭。白鸚鵡體色大多呈白色，嘴巴呈黑色或白色，頭頂有十幾根冠狀羽毛（所以較正式的名稱是鳳頭鸚鵡），尾巴寬而短，和我們常見的鸚鵡差異很大。

白鸚鵡主要產在澳洲區──澳洲和新幾內亞一帶。澳洲區的鳥類怎麼來到台灣？道理很簡單，牠們原本是人們飼養的寵物，有人養膩了，任意放生，結果牠門適應了台灣的環境，就歸化成本地的野鳥了。

說起白鸚鵡，我和這種域外鳥類還有一段淵源。大約五年前（1996），我曾寫過一篇論文，討論故宮博物院的藏畫

《閻立本職貢圖》。根據圖中所畫的白鸚鵡，斷定這幅畫不是閻立本的真跡。這件事說來話長，且從大唐貞觀五年說起吧！

話說唐太宗貞觀五年（631）九月，林邑、婆利、羅剎等國的使者，千里迢迢地來到長安，獻上一隻白鸚鵡。這是歷史上外國第一次貢白鸚鵡。這隻白鸚鵡聰明伶俐，頻頻說：「冷啊！

鳳頭鸚鵡有二十種，皆產澳洲區；圖為大葵花鳳頭鸚鵡（Cacatua galerita），Snowmanradio 攝於雪梨。（英文版維基百科提供）

冷啊！」唐太宗心想，白鸚鵡是南方禽鳥，現在已經九月秋涼，自然不能習慣北方的氣候，於是把那隻白鸚鵡交還使者，送回本國去了。

這件事表現唐太宗的仁民愛物，史官怎會不記上一筆，於是《唐書》、《新唐書》、《唐會要》、《冊府元龜》都記載著這個故事。史官如此，宮廷畫家也不可能閒著。古時的宮廷畫家，有如現今的攝影師。唐太宗時，最著名的宮廷畫家就是閻立本，他可曾畫下林邑等國進貢的事？

這個問題我們無法直接回答。宋徽宗時曾編過一本宮廷藏畫名錄，那就是有名的《宣和畫譜》。根據《宣和畫譜》，閻立本的確畫過不少幅有關外國進貢的繪畫。可惜《宣和畫譜》只記載繪畫名稱，不記載內容，所以我們無法知道這些繪畫所畫的內容是什麼。然而，蘇東坡的一首詩卻透露了些眉目。原來他觀賞過一幅古畫──《閻立本職貢圖》，寫下一首每句都押韻的怪詩。讓我們看看蘇東坡的這首《閻立本職貢圖》詩：

> 貞觀之德來萬邦，浩若蒼海吞長江，音容猰㺄服奇厖。
> 橫絕嶺海逾濤瀧，珍禽瑰產爭牽扛，名王解辮卻蓋幢。
> 粉本遺墨開明窗，我唷而作筆且降，魏徵封倫恨不雙。

　　這首怪詩，前五句描寫畫的內容，後四句歌頌唐太宗歸還白鸚鵡的事。故宮博物院珍藏的《閻立本職貢圖》，畫著二十七名相貌奇特的異國人物，有人牽著異獸，有人扛著鳥籠，而且籠內有一隻鸚鵡，和蘇東坡的描寫完全一致，可見故宮博物院的《閻立本職貢圖》，和蘇東坡所觀賞過的《閻立本職貢圖》淵源很深，因此故宮博物院前副院長李霖燦先生說：「即令這幅不是閻立本的原作，當亦是唐宋以來流傳有緒的一個摹本。」

　　真的這樣嗎？如果《閻立本職貢圖》描繪的是貞觀五年林邑等國貢白鸚鵡的事，那麼觀察一下圖中的鸚鵡，豈不就

〈閻立本職貢圖〉之右半部，兩名矮黑人所扛的籠子裡有隻鸚鵡。

可以得出答案。我用放大鏡仔細觀察，發現圖中的鸚鵡的確是白色的，但具有紅色的鳥喙，和細長的尾巴。這哪是白鸚鵡啊！

我明白了，畫家的原意是要畫一隻歷史上所說的白鸚鵡，但因不識其廬山真面目，就根據我國南方所產的長尾鸚鵡，把體色改成白色，保留了牠的紅嘴、長尾巴。如果是白鸚鵡，應該畫成黑嘴或白嘴和短尾巴啊！

由於《閻立本職貢圖》筆力微弱，一般美術史家都不認為是閻立本真跡。我的粗淺觀察，或許可供佐證吧？

（原刊《國語日報》2001 年 9 月 27 日）

含羞草的語源

含羞草原產熱帶美洲，明末傳到台灣及閩粵等地。台灣取名為
見笑花，作者研判，含羞草由見笑花雅化而成，是台語的一大
貢獻。

我不會畫畫，卻喜歡翻閱畫冊。欣賞歷代名家畫作，是
我的一項業餘休閒。有一次在翻閱《故宮書畫圖錄》
時，不期然地看到一幅郎世寧畫的含羞草圖。郎世寧是義大
利人，乾隆時的宮廷畫家，畫作以寫實著稱。這幅含羞草圖
畫得唯妙唯肖，比攝影還要逼真。

當我看到畫冊上印的題目——「郎世寧海西知時草圖」
時，不禁大吃一驚。明明是含羞草，怎麼說是「知時草」？再
看乾隆皇帝的題辭：「西洋有草，名僧息底幹，譯漢音為知時
也。其貢使攜種以至，歷夏秋而榮。……」僧息底幹，不就是
sensitive 的對音嗎？含羞草的英文名稱正是 sensitive plant 啊！

含羞草原產熱帶美洲。明朝末年，許多原產美洲的糧食
作物和經濟作物——如玉米、甘藷、馬鈴薯、番茄、辣椒、
花生和菸草等等，相繼傳入中國。郎世寧的《海西知時草圖》

是乾隆十八年（1753）畫的，含羞草的傳入中國，難道和乾隆年間「其貢使攜種以至」有關？乾隆皇帝既然已經給這種域外植物取名「知時草」，後來怎麼又改稱含羞草？這些問題十分有趣，可惜我讀書不多，不知到哪兒去找答案。

後來我有幸結識台大植物系退休教授李學勇先生，他精研外來植物，學問相當扎實。我問李教授：「含羞草這個詞，在中國最早是在哪一本書上出現的？」李教授說，他沒注意過這個問題，要到圖書館查一下。大約過了兩個月，李教授終於查出結果，發來一份傳真：「中國最早的紀錄為《諸羅縣志》（1718）。」我急忙到圖書館找出《諸羅縣志》，在「物產志」上果然找到含羞草：

> 含羞草，高二、三寸，葉似槐。爪之，葉即下垂，如婦女含羞然。

諸羅就是嘉義。乾隆五十一年（1786），林爽文起兵造反，諸羅軍民堅守城池。亂事平定後，朝廷嘉許諸羅軍民忠義，就把縣名改稱嘉義。《諸羅縣志》的記載告訴我們，在洋人向北京的乾隆皇帝進貢之前，含羞草早就傳到台灣，而且已經取了「含羞草」這個典雅的名稱。

李學勇教授提供的線索，使我悟出含羞草的語源。我小學一、二年級就知道，含羞草台語叫做「見笑花」。見笑，意思是害羞或不好意思。因此，含羞草顯然是從「見笑花」轉化來

西洋有草名僧息斡蠟譯漢音為知時
也其貢使攜頭以至應夏秋兩季在京西
洋語曰困以進宮以手接之則眼瞼初
而起花葉皆然其起處之俟在午前為
時五分午後為時十分報以成詩目備群
芳一種
總此志，草迺遠貢泰西知時自賦起宏
手作異徵似萏黃花轉以搖須葉蔓如
靈柏齊連珠非不解端倪始謂蓋菌談今看
乾隆癸百秋八月題知時草六韻合為
之圖即書其上御筆

郎世寧繪〈海西知時草圖〉軸，故宮博物院藏。

的。換句話說，知識分子取用「見笑花」的語意，經過雅化，變成典雅的含羞草。這是台語在植物學上的一大貢獻。

從明天啟四年（1624）到清順治十八年（1661），台灣有三十七年被荷蘭人和西班牙人統治，含羞草八成是這段時間傳進來的，台語名「見笑花」大概也是這段時間取的。清領時期，台灣還是邊陲地區，內地人士來到台灣，喜歡記述奇風異俗和奇異土產，於是含羞草經常被內地人士記入詩文。我進一步查閱文獻，發現康熙四十八年（1709）出版的《赤嵌集》，才是已知最早的含羞草紀錄。該書卷四有一首「羞草詩」：

> 羞草，葉生細齒，撓之則垂，如含羞狀，故名。
> 草木多情似有之，葉憎人觸避人嗤。
> 也知指佞曾無補，試問含羞卻為誰？

《赤嵌集》的作者孫元衡，安徽桐城人，康熙四十二年（1703）調到台灣當同知，任滿那年，出版了在台灣所作的詩集。從這首「羞草詩」可以看出，當時或許還沒形成含羞草這個詞，但已呼之欲出。「羞草」加上「含羞」，不就是含羞草嗎？

（原刊《國語日報》2001 年 11 月 15 日）

大貓熊的發現

法國的譚微道神父是位著名的生物學家，他在中國期間發現了很多種動植物，其中最有名的就是大貓熊。本文敘說這段有趣的歷史。

英法聯軍（第二次鴉片戰爭）後，西方人可以隨意到中國經商、傳教、設置領事館，當時中國還是生物調查的處女地，一些具有生物學背景的外交官、傳教士，甚至商人，就在中華大地上大展手腳，其中成就最高的，就是貓熊的發現者——法國神父大衛（Jean Pierre Armand David, 1826-1900）。

大衛神父生於法國西南部庇里牛斯山巴斯克地區的小山村 Espelette（位於 Bayonne 附近）。其父是位對博物甚有興致的醫生，受到父親的影響，大衛從小就喜歡動植物。大衛少小進入遣使會的修院，進鐸為神父（1848 年）前，已開始研究自然科學。當時「自然神學」盛行，不少神職人員希望借助研究自然科學，證實上帝的存在及偉大。1850 年，大衛奉派到義大利擔任教會學校博物教師，前後凡十年。1862

年，遣使會派遣大衛到中國傳教，展開他不平凡的一生。

　　大衛來華之前，到巴黎法蘭西學院拜會著名漢學家儒蓮（Stanislas Julien），儒蓮勉勵他為法國學術界多做貢獻，並介紹他和動物學家愛德華（A. Milne-Edwards）、植物學家布朗夏爾（É. Blanchard）等相識。大衛受寵若驚，答應接受委託，為這些著名博物學家採集標本。當時對中國動植物的調查英國人領先，法蘭西學院的學者們希望大衛能夠有所表現。

　　大衛先到北京，他取了個中國名──譚微道（一作譚衛道），人稱譚神父（以下行文稱譚神父）。譚神父很快地發現，中國人在倫常中安身立命，不大容易接受基督教，於是將大部分精力用在博物調查上。1862 年夏（到中國不久），某日他溜達到北京皇家獵場南苑（南海子），隔牆向苑內張

譚微道神父像，攝於 1884 年，取自 Bibliothèque nationale de France。（法文版維基百科提供）

望，隱約看到一種從沒見過的鹿（四不像鹿）！1866年3月，他買通官員，弄到兩張鹿皮及鹿角、鹿骨，這些標本送到巴黎自然史博物館（時愛德華任館長），鑑定為鹿科中的新屬、新種，在學術界引起不小的轟動。

譚神父在中國約十年（1862－1874，1870－1872年回國約一年半），他先在北京和承德等地採集，獲得大量標本，受到愛德華、布朗夏爾等學者激賞。其後從1866年起，大衛做過三次旅行採集，分別為內蒙、華西及中原，限於篇幅，本文單表第二次採集，貓熊就是這次旅行發現的。

譚神父到華西採集是愛德華建議的。他先到天津，搭輪船至上海，一位法國珠寶商告訴他，成都西南方的穆坪地區（今雅安市寶興縣）動植物種類豐富，有位法國傳教士在那裡傳教，曾經將一些珍稀標本託交領事人員帶回歐洲。譚神父溯江而上，來到重慶，住在外方會的教堂，談起穆坪，駐堂神父告訴他，該會在穆坪地區的鄧池溝設有教堂，附近的動植物的確豐富。

譚神父決定前往穆坪。1869年元月上旬來到成都，2月下旬出發，經過八天跋涉，翻越三千多公尺的邛崍山，終於來到目的地——穆坪的鄧池溝。穆坪地處四川盆地西北緣向青藏高原過渡的地帶，這裡山高谷深，林木蓊鬱，終年潮濕多雨，雲鎖霧繞。谷底是亞熱帶叢林，中海拔地帶是闊葉溫帶林，高海拔地區是以針葉林為主的高寒地帶和高山草原。

生活其間的動物，也隨著植物群落的變化作垂直變化。

穆坪地處邊陲，加上漢藏雜處，官府鞭長莫及，早在十九世紀初，就有傳教士來此傳教。在駐堂神父的大力協助下，採集隨即展開，到 1869 年 11 月，譚神父在此發現的動植物難以計數，包括活化石植物珙桐，及珍稀動物貓熊、金絲猴等。他從熱衷哺乳類、鳥類，到後來研究植物和昆蟲，這座生物寶庫帶給他一次又一次的驚喜。

其中最讓譚神父驚喜的，應該就是貓熊了。譚神父第一次發現貓熊，是在 1869 年 3 月 11 日，《大衛神父日記》對此記述甚詳。那天，他在一位李姓獵人教徒家，看到一張「從來沒見過的黑白獸皮」，李姓獵人說是黑白熊（當地漢人一般稱為花熊或白熊），他覺得這是「一種非常奇特的動物」。李姓獵人笑他少見多怪，「如果你需要，你也會得到這種動物的，我們明天一早就去獵取。」譚神父聽了非常高興，當晚，他在日記中寫道：「找到這種動物，一定是科學上的一個重大發現。」

3 月 23 日，李姓獵人果然帶回一隻幼體黑白熊。本來是活著的，獵人們為了便於攜帶，把牠弄死了。到了 4 月 1 日，譚神父雇用的獵人又帶回一隻成年黑白熊，「牠的毛色同我已經得到的那隻幼體完全相同。這種動物的頭很大，嘴短圓，不像熊嘴那麼尖長。」5 月 4 日，獲得一隻活體黑白熊。他親自指揮工匠們在天主教堂內為黑白熊做了個大木籠，關在

1930 年代初，亞洲文會上海自然博物館展出美籍華人探險家楊帝澤、楊昆廷兄弟所致贈的貓熊標本，圖為標本製作者英國博物學家 A. C. Sowerby 所繪製的大、小貓熊生境圖。

裡面飼養、觀察，記錄其生活習性。他根據黑白熊的體毛、腳底有毛等特徵，認定是熊科的一個新種。

　　譚神父正滿懷希望要將黑白熊送回法國，可惜啟程前就死了，只好剝下皮來製成標本，並寫下研究報告，寄交愛德華。經過鑑定，確定為新屬、新種，並認為與小貓熊（學名 *Ailurus fulgens F.* Cuvier,1825）有親緣關係（而與熊無關），因而學名取為 *Ailuropoda melanoleuca* David, 1869。

　　至於英文名，在沒發現貓熊之前，小貓熊稱為 panda。小貓熊產在尼泊爾及中國西南山區（西南一帶漢人稱為九節狼），喜歡吃箭竹葉，也吃果實、昆蟲等。panda，源自尼泊爾語，意為「食竹者」。貓熊發現後，小貓熊「降格」為 lesser panda，而貓熊就成為 panda 或 giant panda。

（摘自〈郭璞、大衛和露絲——貓熊故事三部曲〉之兩小節，原刊《科學月刊》2008 年 8 月號）

徽州唐打虎

《閱微草堂筆記》有則記載，記述徽州獵虎專家以特製短柄利斧，將凌空撲過來的猛虎開腸破肚。這則記載可供編寫動物行為學者說明領域行為時引用。

中國是個多虎的國家，根據大陸學者何業恆先生《中國虎與中國熊的歷史變遷》（湖南師範大學出版社，1996），1900 年時全國有 1,166 個縣（約占全國半數）產虎；直到 1949 年，全國仍有 529 個縣產虎，其中華南亞種占 370 個縣，可說是中國虎的代表，難怪華南虎又有中國虎之稱。

華南虎的學名是 *Panthera tigris amoyensis*，英名是 South Chinese tiger 或 Amoy tiger；*amoyensis*，意為「廈門的」，可見模式標本（用來命名的第一件標本）得自廈門。廈門是個島嶼，1843 年（中英南京條約）就闢為通商口岸，難道1905 年德國動物學家賀澤麥（Max Hilzheimer）為之命名時廈門仍然有虎？

答案是肯定的，直到 1920 年代廈門仍有虎呢！大約 1969 年，我在光華商場買到一本日本動物學家大島正滿的

書（書名已失憶），後來主編《自然雜誌》（陳國成教授於1977年創辦），找出那本書，將其中幾篇委請黃琇英女士翻譯，其中的〈廈門獵虎〉刊《自然雜誌》1978年6月號，記述日本葵川侯爵在廈門郊區山中獵虎的事。

然而，從1950年代到1960年代，中國大陸曾經迭次發動「除害運動」，單單是湘西南的通道縣一個縣，從1954年到1958年，縣「消滅獸害指揮部」的打獵隊，就獵殺了一千隻！何先生說：「衡量這一時期，全省、全國被消滅的老虎究竟有多少，一直無法清楚。」在全面捕殺下，野生的華南虎已經滅絕。

華南虎分布廣、數量多，徽州還出現過獵虎世家呢！清代紀昀《閱微草堂筆記》卷十一・槐西雜志一，有段記載：

> 族兄中涵知旌德縣時，近城有虎暴，傷獵戶數人，不能捕。邑人請曰：「非聘徽州唐打虎，不能除此患也。」（休寧戴東原曰：「明代有唐某，甫新婚而殞於虎，其婦後生一子，祝之曰：『爾不能殺虎，非我子也。後世子孫，如不能殺虎，亦皆非我子孫也。』故唐氏世世能捕虎。」）乃遣吏持幣往。歸報唐氏選藝至精者二人，行且至。至則一老翁，鬚髮皓然，時咯咯作嗽，一童子十六七耳。大失望，姑命具食，老翁察中涵意不滿，半跪啟曰：「聞此虎距城不五里，先往捕之，賜食未晚也。」遂命役導往，役至谷口，不敢行，老翁哂曰：「我在，爾尚畏耶？」入谷

將半，老翁顧童子曰：「此畜似尚睡，汝呼之醒。」童子作虎嘯聲，果自林中出，遽搏老翁。老翁手一短柄斧，縱八九寸，橫半之，奮臂屹立，虎撲至，側首讓之，虎自頂上躍過，已血流仆地。視之，自領下至尾閭，皆觸斧裂矣。

《閱微草堂筆記》以志怪為主，兼談所見所聞，後者具有史料價值。作者紀昀（曉嵐），引戴震（東原）的話，說明徽州唐氏擅捕虎信而有徵。清時徽州轄歙縣、黟縣、休寧、祁門、績溪、婺源等六縣。戴震是休寧人，所記當為家鄉故實。故事發生的地點旌德縣，清時屬宣城府，和徽州同在皖南。地理上的吻合，說明這則記事的可靠性。

皖南曾是華南虎的分布區。虎是獨居性動物，通常白天

1920 年代末，日本葵川往廈門獵虎，圖為廈門的打虎隊及所獵華南虎，後排右一為葵川。古人獵虎多用鋼叉，或在其出沒處埋設窩弓射殺。

休息，傍晚出來活動。「童子作虎嘯聲」，乃模仿虎嘯，使睡臥的老虎以為有同類入侵，這和虎的領域行為吻合。老虎被虎嘯聲引出來，獵虎專家施展奇技，以特製短柄利斧，將凌空撲過來的猛虎開腸破肚。敘述簡潔生動，場景歷歷如繪，可供編寫動物行為學者說明領域行為時引用。

（摘自〈庚寅談虎——中國虎雜談〉，原刊《科學月刊》2010 年 2 月號）

兔起鶻落

當草原變成耕地和城鎮、村落，大型草食動物絕跡，田獵遂以
獵兔子為主。以兔鶻（獵隼）獵兔，通常反覆搏擊，這就是成
語「兔起鶻落」的由來。

成語「兔起鶻落」，典出蘇軾〈文與可畫篔簹谷偃竹記〉：
「振筆直遂，以追其所見，如兔起鶻落，少縱則逝。」
比喻動作敏捷，或繪畫、寫作下筆迅捷流暢。

隨著無止境的開發，當草原轉變成耕地和城鎮、村落，
大型草食動物（有蹄類）絕跡，兔子族群以其超高生殖率得
以維繫。母野兔一年懷胎多次，每次生一至七隻。難怪《After
Man：人類滅絕後支配地球的奇異動物》一書臆測，五千萬
年後的溫帶森林、草原地帶，兔形目將經由輻射演化，取代
有蹄類的生態區位。

中國的兔科動物有一屬（*Lepus*）、九種，以草兔（*L.
capensis*）數量最多，分布最廣。華南兔（*L. sinensis*）主要
分布華南和華中。台灣兔是華南兔的一個亞種，筆者讀大學
時，小碧潭附近的叢藪中就常有台灣兔出沒；服兵役時，清

泉崗機場的茂草中更多。現在呢,山區野地一定仍有不少,高生殖率是牠們維持種群的保障。

　　當野外的有蹄類次第消失,兔子成為最重要的獵獸時,自然而然發展出一套以獵兔為主的打圍(狩獵)方式。平民百姓用獵犬追逐,大戶人家還僱請鷹師馴練獵鷹,在空曠野地縱犬放鷹,為秋冬時分有閒有錢階級最熱衷的戶外活動。

　　在北方,用來獵兔的鷹,以鷹科的黃鷹(即蒼鷹,*Accipiter gentitis*,英名 northern goshawk)和隼科的兔鶻(即獵隼,*Falco cherrug*,英名 saker falcon)為主。黃鷹體型較

元‧劉貫道〈元世祖出獵圖〉局部,上端隨從所架之鷹為海東青,即白鶻,是一種聞名的獵鷹,右前方隨從馬背上的動物為獵豹。

大，單隻即可出獵。兔鶻（鶻，音ㄍㄨˇ，北方人讀作虎）體型較小，極少一擊斃命，通常反覆搏擊，等到兔子無處可逃，才縱犬追捕。東坡居士以兔起鶻落比喻文章的起伏跌宕，可見他熟諳兔鶻圍，說不定還是位玩家。

關於黃鷹圍和兔鶻圍，一位大陸玩家說得好：「過去說『窮黃鷹，富兔鶻』。黃鷹是老百姓單隻養著玩的。兔鶻養起來就費勁了，因為帶兔鶻出去打獵沒有只帶一隻的。不但鷹要好幾隻，狗也要好幾隻，人和馬自然也少不了，這就不是窮人玩兒的了。黃鷹是直接抓兔子，而兔鶻的作用是把兔子攏起來，再放細狗去抓。這樣打起獵來場面壯觀，非常好看。」

那麼黃鷹圍或兔鶻圍所獵的是什麼兔？主要是北方的草兔，華中的華南兔。華南較少平展的環境，加上秋後草木不凋，不適合鷹獵。

（摘自〈辛卯談兔──中國兔雜談〉，原刊《科學月刊》2010年2月號）

睢鳩是什麼鳥？

《詩經》第一篇〈關雎〉：「關關睢鳩，在河之洲」，睢鳩到底是什麼鳥？歷來都說是魚鷹，作者根據鳴聲，推斷是白腹秧雞。

《論語·陽貨》：「子曰，小子何莫學夫詩。詩可以興，可以觀，可以群，可以怨。邇之事父，遠之事君，多識於鳥獸草木之名。」意思是說，讀《詩經》好處很多，最不濟也可以多認識些動植物的名字。

然而，動植物名稱因時、因地而異。《詩經》是西周到春秋的作品，要認識兩三千年前的動植物名稱談何容易！以《詩經·國風·周南·關雎》來說吧：「關關睢鳩，在河之洲，窈窕淑女，君子好逑。」睢鳩到底是什麼鳥？

關於睢鳩的注釋，西漢的《毛詩詁訓傳》：「睢鳩，王睢也，鳥摯而有別。」注了如同未注。朱熹《詩經集傳》：「水鳥也，狀類鳧鷗，今江淮間有之。生而定偶而不相亂，偶常並遊而不相狎，故毛《傳》以為摯而有別。」似乎解作一種游禽。但不知從什麼時候起，有關睢鳩的注釋都解釋成魚鷹。

現今叫做魚鷹的鳥類有兩種，一種是鸕鷀（鵜形目、鸕鷀科，英名 cormorant，學名 *Phalacrocorax carbo*），另一種是鶚（鷹形目、鶚科，英名 osprey，學名 *Pandion haliaetus*）。鸕鷀身長約 80 公分，體重約 1.7－2.7 公斤，在中國南方漁民常養來捕魚。筆者到桂林（灕江）、鳳凰（沱江）旅遊時，曾近距離觀察過這種大黑鳥。

〈關雎〉寫青年男子的相思之苦，以「關關雎鳩」起興，說明「關關」是雎鳩的求偶聲。鸕鷀過群棲生活，大凡群棲性鳥類，不需以持續的鳴聲求偶。再說，鸕鷀很少鳴叫，只在爭奪停棲位置時，發出低沉的「咕、咕」聲。從習性和鳴聲來看，雎鳩顯然不是鸕鷀。

不是鸕鷀，豈不就是鶚了！唐・孔穎達《毛詩正義》引郭璞《爾雅注・釋鳥》：「鵰類也，今江東呼之為鶚。」這是將雎鳩釋為鶚的由來。約 1784 年，日人岡元鳳著《毛詩品物圖考》，就把雎鳩畫成俯衝入水的鶚。《毛詩品物圖考》影響深遠，一些鳥類書介紹鶚時，經常提到關雎；有關「雎鳩」的注釋，除了說牠是魚鷹，有時也會說就是鶚。雎鳩即魚鷹，也就是鶚的說法，幾乎已成為定說。

鶚身長 51－64 公分，體重 1－1.75 公斤。頭部白色，有黑色縱紋，枕部的羽毛延長成短羽冠。身體上部暗褐色，下部白色，極為醒目。棲息於江河、湖沼、海濱一帶，以魚類為食。鶚是一種候鳥，在中國，大約三月初飛到東北繁殖，

雎鳩

宣統二年石印本《毛詩品物圖考》雎鳩圖。

九月中旬向南遷徙。繁殖期間雄鳥通常抓著一條魚，一面飛，一面發出「切利利」的哨聲，被吸引的雌鳥高聲應和。配對之後，經常比翼雙飛，哨聲不斷。

〈關雎〉屬於《詩經・國風・周南》。周南是周公的封地，王畿以南的意思，大約在河南西南部及湖北北部一帶。在東北繁殖的候鳥，大概不會在「周南」唱起求偶之歌吧！再說，鶚的哨聲尖銳激昂，和「關關」全然不搭。要說雎鳩就是鶚，證諸動物學，怎麼說都說不過去。

筆者遍閱各種《詩經》讀本，又多次上網，發現已有人對雎鳩即魚鷹的說法提出質疑。駱賓基的《詩經新解與古史新論》，認為是指大雁。雁鳴雝雝，和關關相去甚遠。胡淼撰〈詩經關雎中的雎鳩是什麼鳥〉（《人民政協報》第 70 期），認為是指鳴聲如「給－給－噓、嘎－嘎－嘎」的大葦鶯，但細究之下仍然無法使人信服。

那麼雎鳩是什麼鳥？筆者認為，可能是白腹秧雞（鶴形目、秧雞科，英名 white-breasted water hen，學名 Amaurornis phoenicurus），試說明如下。

　　白腹秧雞經常發出「苦哇、苦哇」的重複鳴聲，「苦哇」連音，和「關」相近（關字的上古音和現今相同）。幾十年前，台北近郊就是田野，晨昏時刻，「關關」之聲時有所聞。大約十年前，筆者在新店溪上游還聽到這種叫聲呢！再也沒有其他水鳥的鳴聲比白腹秧雞更像「關關」了。

　　白腹秧雞是一種涉禽，符合「在河之洲」的生境。主要分布長江以南，但往北可分布到華北、東北、內蒙和新疆。周時華北較現今溫暖，以「周南」的地理位置，白腹秧雞應該十分普遍。

　　白腹秧雞背部黑色，臉部及腹部白色，下腹部栗紅色。

白腹秧雞，Charles Lam
攝。（維基百科提供）

以外形來說，除了一雙長腳，和「鳩」的確近似。此鳥通常單獨出現於水田、沼澤地帶，生性羞怯，警戒心強，只聞其聲，難見其形。

我們不妨這樣設想：將近三千年前，一位「周南」的小夥子，聽到河洲上白腹秧雞的求偶聲，不自覺地聯想起自己心儀的女子，一首傳頌千古的民歌就誕生了。

前面說過，動植物名稱因時、因地而異。白腹秧雞有很多別名，流傳最廣的就是「姑惡鳥」或「苦惡鳥」了。傳說此鳥是位被婆婆折磨而死的少婦變的，不停地訴說「姑惡、姑惡」，發洩心中幽怨。

《詩經》時代，人們聽到白腹秧雞求偶聲，想到的是「窈窕淑女，君子好逑」；同樣的鳥鳴聲，後人卻把它想成「姑惡」，可見《詩經》時代較後世自由得多了。

（原刊《中央日報》副刊 2004 年 4 月 30 日，後略加補充而成此文，刊《科學月刊》2011 年 4 月號）

虎克的《顯微圖繪》

虎克發現細胞，盡人皆知。虎克的《顯微圖繪》，是英國皇家學會的第一本重要出版物，也是史上第一部科學暢銷書，具有劃時代意義。

史家咸認，布朗菲斯的《本草圖譜》（1530），和維塞留斯的《人體構造》（1543），是插圖科技書的兩座里程碑。那麼可有第三座？筆者試著回答這個問題以前，容我敘說一段往事。

將近二十年前，錦繡出版公司老闆許鐘榮先生在北京邀宴約十位中央美院和工藝美院的教授，在下敬陪末座。席間談起誰是當代中國繪畫第一人，在座學者、畫家咸認，第一人非蜀人張大千莫屬。談起誰是第二人，就有齊白石、李可染、林風眠等不同意見。他們或從簡筆趣味、或從用墨、或從引西潤中著眼，觀點不同，自然有不同的看法。

筆者自 2008 年出席「第一屆海峽兩岸科普論壇」起，開始研究科普。從科普的觀點，筆者認為，第三座里程碑應為虎克的《顯微圖繪》。

虎克（1635－1703）是位世間少有的通才，史家每譽為「倫敦的李奧納多」。李奧納多，即達文西。虎克終生未婚，也和達文西相同。他在天文學、物理學、建築和發明上都有極高的成就，至於因特殊因緣發現細胞，不過是無心插柳，生前可能從未認為自己是生物學家。

虎克生於英國維特島，父為助理牧師，十三歲（1648）喪父，到倫敦謀生，起初在一家肖像館當學徒，不久進入西敏寺學校，校長愛其才，免其學費，虎克在此學習希臘文、拉丁文、《幾何原本》等。十八歲（1653），到牛津大學教

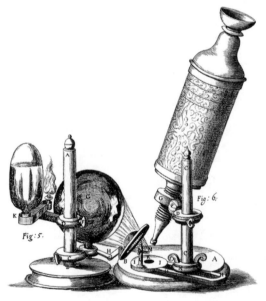

《顯微圖繪》中的虎克
自製顯微鏡，銅版畫。
（維基百科提供）

堂唱詩班工作，生計始有著落。

西元 1655 年（二十歲），擔任波以耳助手，以實驗助其完成「波以耳定律」。1662 年（二十七歲），經波以耳引介，到英國皇家學會展示館工作，負責維修儀器及演示，翌年獲選皇家學會會員。1677 年，出任皇家學會秘書。

西元 1665 年（三十歲），虎克自製一台顯微鏡，觀察軟木薄片時發現軟木是由許多形似隱修士所住單人房間般的小室（cell）構成，這是史上首次對細胞的觀察，虎克因而成為細胞的發現者。同年將觀察結果輯為《顯微圖繪》（*Micrographia*），由皇家學會出版。

《顯微圖繪》是皇家學會的第一本重要出版物，也是史上第一部科學暢銷書，具有劃時代意義。當時顯微鏡尚未普及，該書令人震撼的圖繪，激起人們對顯微鏡及微觀世界的興趣，為世人開啟了一片全新的視野。

虎克既然有「倫敦的李奧納多」之稱，繪畫自然不在話

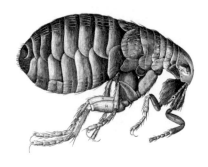

《顯微圖繪》跳蚤拉頁圖，銅版畫，顯現虎克高超的繪藝。（維基百科提供）

下。《顯微圖繪》的所有圖繪，都出自虎克之手，其中最為人們熟知的，大概就是他被稱為「細胞發現者」的木栓圖。其實，書中最能顯現繪畫功力的是昆蟲，特別是跳蚤、蝨子等的銅版畫拉頁，今日看了仍令人震撼不已，何況是十七世紀！

（摘自〈科技插圖的兩座里程碑──《本草圖譜》與《人體構造》〉，原刊《科學月刊》2013 年 6 月號）

羅聘《鬼趣圖》原始

羅聘《鬼趣圖》第八幅，將鬼畫成骷髏，在歷代鬼畫中極不尋常；原來這幅鬼趣圖摹自傳教士譯介的西方解剖圖，在維塞留斯的《人體構造》上可以找到源頭。

約十年前，一位來自復旦大學的學者，在中研院科學史委員會演講，姓名已遺忘，內容和中西文化交流有關。講者秀出一幅明末傳教士羅雅谷等譯《人身圖說》的骨骼圖，再秀出清初畫家羅聘的《鬼趣圖》，說明後者源自前者。明末傳入中國的西方解剖學對傳統醫學沒什麼影響，沒想到卻影響了擅長畫鬼的羅聘！這真是個科學史和美術史上的重大發現。

演講完畢，我立即舉手發問：「《鬼趣圖》摹自《人身圖說》，是您發現的嗎？」講者回答：「是西方學者。」會後趨前就教，希望取得他的論文，講者說會寄給我，但一直沒有收到。

對於羅聘的那幅《鬼趣圖》我並不陌生。1995年編輯《中國巨匠美術週刊》第五十六冊《羅聘》時，就注意到它的特

殊性。《鬼趣圖》（1772）為一冊頁，共八幅，那幅骷髏圖是第八幅。中國人畫鬼，一向沒有固定形象，所以古人說：畫犬馬難，畫鬼魅最易（見《韓非子‧外儲說》）。羅聘在第八幅中，將鬼畫成骷髏，的確極不尋常。

1996 年，筆者為科月撰寫「畫說科學」專欄，曾順便瀏覽畫冊，看看能不能找到第二幅將鬼畫成骷髏的古畫？沒有，連羅聘自己也沒再畫過！那次瀏覽畫冊，附帶發現：南宋宮廷畫家李嵩的〈骷髏幻戲圖〉，是另一幅骷髏畫，但畫

羅聘《鬼趣圖》；據鍾鳴旦研究，骷髏構圖摹自羅雅谷等譯《人身圖說》，但其終極來源應為維塞留斯的《人體構造》（1543）。

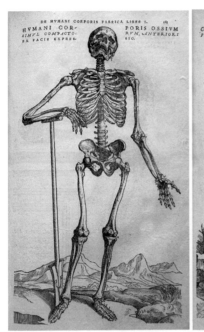
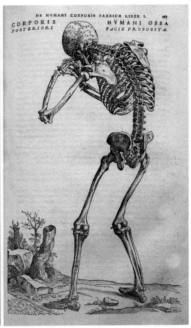

比較《鬼趣圖》與《人體構造》的兩幅骨骼圖，可見其淵源。

中的骷髏是童玩，不是鬼！

　　聽過那位大陸學者的演講，才知道羅聘的那張《鬼趣圖》的底細，解除了多年的疑惑。本月初，很意外地在網上看到大陸旅美學者汪悅進的一篇文章〈秋墳鬼唱鮑家詩——羅聘《鬼趣圖》新論〉，原來發現《鬼趣圖》摹自《人身圖說》的西方學者，是比利時漢學家鍾鳴旦教授。順藤摸瓜，又找到鍾鳴旦在復旦大學的一篇演講〈中歐「之間」和移位——歐洲和中國之間的圖片傳播〉。讀罷鍾、汪兩先生的文章，

發現兩人都沒提到維塞留斯的《人體構造》（1543）。《人身圖說》我無緣經眼，但從《鬼趣圖》的構圖來看，顯然源自《人體構造》。就假「大家談」將這點心得寫出來吧。

　　走筆至此，一個問題不由地在心中升起：中國人為什麼不將骷髏和鬼做連結？這牽涉到文化人類學和宗教學，筆者一時還沒能力給出任何回答。

（原刊《科學月刊》2013 年 9 月號）

醫學類

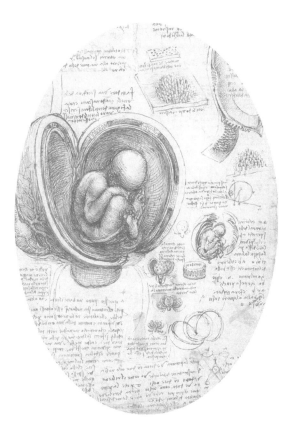

陳皮與盤尼西林

1945 年，佛萊明因發現青黴素的抗菌作用榮獲諾貝爾獎；某巨公說，陳皮上就有青黴素。這種古已有之的說法，曾經長期左右國人的思維。

當年英國人發現了盤尼西林（青黴素）的抗菌作用，消息傳來，某巨公說：「這有什麼稀奇，我們中國人早就有了。」

陳皮就是曬乾了的橘子皮，橘子皮上常長有青黴。所以這位巨公又補充說：「吃陳皮不就是吃盤尼西林嘛？」

原子彈發明後，有人說，這有什麼稀奇，原子彈的理論易經上早就有了。電腦發明後，又有人說，這還不是源自易經上的二元數學，要不是萊布尼茲把中國的二元數學剽竊過去，哪來的電腦！

李約瑟的《中國之科學與文明》出版後，比附的人更多，動不動就把李約瑟搬出來。實際上，李約瑟也是比附的能手，筆者曾在期刊《Endeavour》上看過他所寫的兩篇文章。一篇說，中國人講的風水，實際上是一門環境學。另一篇說，

中國人以紫河車（胎盤）、孕婦小便治療婦人血氣不足，以動物睪丸治男人虛弱，證明內分泌學始自中國。

我不否認宣揚古人的成就可以重振民族自信心，但是要借外國人之力才能宣揚，不知置民族自信心於何處。我唸書時有位教中國哲學史的老師，平時講課喜歡批評外國人如何如何不行，但是談到中國事的時候，又喜歡引證洋人的話。比方談到易經時，他會說：「萊布尼茲說，他的二元數學就是從易經得來的。」說完得意的環視一下四周。一方面表示他的博學，一方面表示，中國人的成就是公認的，不信的話，有外國人的話為證。

青黴素發現者佛萊明（圖中）獲 1945 年諾貝爾獎歷史鏡頭。（英文版維基百科提供）

人類過去的種種活動，應擺在歷史的地位上去衡量，不需要拿現有的知識去比附。陳皮代表古人的成就，盤尼西林代表現代人的成就，兩者不可能相等，也不需要相等。

另外，檢討古人的成就時，不應該太重視外國人的話。外國人的話拿來參考可以，不應盲目的隨聲附和。以李約瑟來說，他的東西有的地方就不知道比附到哪裡去了。比方最近李約瑟在《New Scientist》上寫了一篇〈論毛澤東之死〉，說毛澤東承接了宋、元的理學思想，對發展科學不遺餘力！？

外國人談中國事不是亂發謬論，就是抓住針眼那麼大一點東西就亂做文章。我們要恢復民族自信心，首要的工作就是不要借外國人的話來揄揚自己，也不要拿外國人的成就來比附自己。

（原刊《科學月刊》1976 年 11 月號）

王清任的醫林改錯

中醫不重視實證，清代中葉的王清任卻具有樸素的實證精神，
他在墓地和刑場觀察人體構造，著成《醫林改錯》一書。

西方深受古希臘影響，即使是有黑暗時代之稱的中世
紀，經院哲學仍以實證的方式，證實神的存在和神的
偉大。到了文藝復興，實證精神更加受到重視。就醫學來說，
解剖學是實證醫學的基礎，解剖學發展了，生理學才能發展，
進而才能發展出病理學和藥理學。實證的臨床醫學就是建立
在解剖學、生理學、病理學和藥理學等的基礎上。

　　早在西元 1543 年，維塞留斯（Andreas Vesalius）就著
成解剖學奠基之作《人體構造》，換言之，西方在文藝復興
時期，醫學已朝向實證的方向發展。反觀中國，中醫以陰陽
五行為理論基礎，並不需要實證，也就不需要解剖學，個人
認為，這是中國解剖學不發達的主要原因。

　　李約瑟《中國之科學與文明》第二卷討論陰陽五行：「這
種理論在一世紀是相當進步的，在十一世紀還可以勉強接
受，但到了十八世紀已令人感到厭煩。」其實直到十九世紀，

王清任畫像。中國人一向不作興在書上刻上
自己的畫像，此舉可能受到西方影響。

甚至二十世紀初，陰陽五行的玄學迷霧從未消散。

然而，在泥古、尚古的中國傳統醫學界，也有清明之士，清嘉慶、道光年間的王清任（1768-1831）就是突出的一個例子。王清任是個武秀才，也是個名醫。他在醫學活動上的特點，是十分重視對內臟的了解，並且想把這種了解和臨床相連繫。這一精神和文藝復興時期的西方醫學家十分類似。

嘉慶二年（1797），王清任到灤州稻地鎮旅行，適值鎮上流行小兒痢疾，每天都有小孩病死。貧窮人士買不起棺木，用草蓆一包，往亂葬崗一埋了事。當地風俗，認為死兒不可深埋，必須被野狗扒出來吃了，下一胎才能保命。王清任抓住這個機會，每天清晨都到亂葬崗去觀察被野狗扒出來的童屍。因為都是被野狗吃剩的，所以要看清內臟的全貌並不容

易。他一連花了十天功夫，大約看了三十多具童屍，才算看得比較完全。他發現，他所看到的，和古書上所畫的有很多不同。其中橫膈部分，由於屍體多已破壞，沒能看清楚。

嘉慶四年（1799），奉天瀋陽有位瘋女殺了丈夫和公公，解到省裡凌遲。王清任不遠千里，趕去看個究竟。劊子手把犯人的內臟割下，提起來示眾。王清任細看之下，證明大人的內臟和小兒的內臟並沒什麼兩樣。嘉慶二十五年（1820），有名逆子弒母，在北京崇文門外刑場活剮，王清任當然不會放過，近前一看，橫膈被割破了，沒能看明白。道光八年（1828），京城又剮一名謀逆犯，但因不能近看，怏怏而歸。

道光九年十二月十三日，在北京有安定門大街板廠衚衕看診，談及橫膈，王清任說他已留心了四十年，還是沒能驗明，沒想到有位官員知之甚詳。原來這位官員曾鎮守哈密，領兵喀什噶爾，殺人無算，看過無數屍體。殺人時

咸豐版《醫林改錯》知非子敘書影。《醫林改錯》除了自序，還有張序、劉序、知非子序等三篇序文。

無意間可殺出解剖學來，於此可得一證。

道光十年（1830），王清任將他一生的心得輯印成書，名曰《醫林改錯》，目錄之後，附有作者木刻畫像，此舉可能受到西方影響，維塞留斯的《人體構造》扉頁上就有維氏的畫像。

王清任在自序中說：「余著《醫林改錯》一書，非治病全書，乃記臟腑之書也。其中當尚有不實不盡之處，後人倘遇機會，親見臟腑，精察增補，抑又幸矣！」在臟腑記敘中說：「著書不明臟腑，豈不是癡人說夢；治病不明臟腑，何異於盲子夜行。」……「今余刻此圖，並非獨出己見，評論古人之短長；非欲後人知我，亦不避後人罪我。惟願醫林中人一見此圖，胸中雪亮，眼底光明，臨症有所遵循，不致南轅北轍，出言含混，病或少失，是吾之厚望。」

王清任的《醫林改錯》對內臟的觀察和評斷，的確有許多超越前人的地方。然而，中醫原本就不必明瞭臟腑，他的書未受重視乃意料中事。再說這時已是維塞留斯出版《人體構造》後二百八十七年，西方的醫學已極為發達，中西之間優劣形勢早已形成，王清任的苦心「改錯」，又有什麼意義？

（摘自〈解剖學史話〉，原刊《自然雜誌》1986 年 6 月號）

杉田玄白等的解體新書

只認識少許荷蘭文的杉田玄白等，憑著毅力譯成《解體新書》，1774 年出版。日本醫學界才知道漢醫所說的臟腑往往與事實不合，不如蘭醫可信。

十六、七世紀，基督宗教發生宗教改革運動，新教（基督教）興起，羅馬公教（天主教）受到嚴重衝激，公教中的一些有志之士挺身而出，號召內部改革。1534 年，羅耀拉（Ignatius of Loyola）與沙勿略（Francis Xavier）等創立耶穌會，可說是公教的維新派。1540 年，耶穌會得到教宗承認。

耶穌會重視知識和教育，並選派優秀教士到遠地傳教。1541 年，創立人之一的沙勿略即首途東方，他先到印度，再到日本，1552 年秋來到澳門附近的上川島，同年冬因瘧疾死於島上，未能達成踏上中國本土的宿願。

沙勿略在東方十年，他寄回去的報告，使得耶穌會對東方，特別是日本和中國有個大概了解。1595 年，利瑪竇到達南京。1601 年，在北京成立天主堂。耶穌會教士們不但帶來

了聖經，也帶來了科學。教士鄧玉函譯《人身圖說》，西方解剖學首次傳入中國。入清後，康熙命教士巴多明以滿文譯成《欽定格體全錄》一書，因為考慮到風教問題，沒有刊刻。

差不多在同一時代，西學也傳到日本。因為初到日本的洋人多為荷蘭商人，所以當時日本人稱西學為「蘭學」。荷蘭人信奉新教，而將西學傳入中國的教士皆屬公教，兩者有其實質上的差異。

西學（蘭學）傳到日本後，引起知識分子們的關注。明和八年（1771）三月四日，刑場殺人，醉心蘭學的醫生杉田玄白、前野良澤、中川淳庵前往觀察，對照荷蘭解剖圖籍，才知道「漢醫」有所疏漏，不若「蘭醫」之有真憑實據。

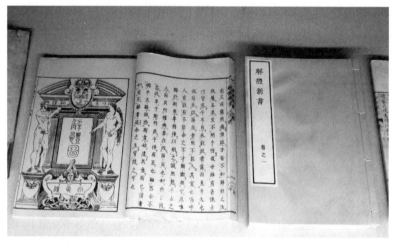

《解體新書》卷一書影，顯示序文及圖版扉頁。（維基百科提供）

杉田邀請前野翻譯，前野正有此意，中川亦自願加入，翌日齊集前野宅邸，展開翻譯工作。他們認識的荷蘭文不過六、七百字，又如何能完成這個工作！他們憑著臆測翻譯，一行一義，往往費時數日。但他們意志堅定，絕不稍餒。一年以後，已可一日翻譯十行。經過四年，易稿十一次，終於譯成《解體新書》四卷，安永三年（1774）出版。該書的序上說漢醫所說的臟腑，往往與事實不合，不如蘭醫可信。

　　《解體新書》圖版精細，可見當時銅版畫和蝕刻版畫已傳到日本，而中國最好的一本插圖書——道光二十八年（1848）出版的《植物名實圖考》，仍然使用木刻版畫。可見早在清初，中國在接受西方科技方面已落後日本了。

　　《解體新書》刊行後，日本人才知道西洋醫學較有實據，一時學習蘭醫成為風尚。日本能成為「醫學大國」，可說是其來有自。反觀我國，巴多明以滿文譯的《欽定格體全錄》一直深鎖大內，沒有產生任何反響。當代研究中國科學史的著名日本學者藪內清分析道：「把雙方加以比較，在中國是以皇帝為中心的工作，而在日本是屬於民間學者的。此外，在輸入外來文明上，在中國是以外國人為中心，日本似乎是基於自家國民的願望所產生的。」分析得對極了。

（摘自〈解剖學史話〉，原刊《自然雜誌》1986 年 6 月號）

竈神信仰的衛教意涵

竈神信仰的種種禁忌，可說是利用神道設教所訂定的廚房衛生守則。作者曾致力民間宗教研究，此文為其心得之一。

竈神信仰由來已久，有關竈神察人功過的觀念，首見於鄭玄《禮記・祭法》注：七祀之神（包括竈神）「居人間司察小過作譴告者也。」說明至少在東漢時，竈神察人功過的觀念已普遍流傳。

竈神信仰的神道設教思想，是善書的重要內涵之一。專屬竈神信仰的善書，筆者經眼的有《司命竈君寶卷》、《司命寶訓》、《東廚司命真經》等三種。前兩者為極薄的小冊子，後者的主要內容為《竈王神經》，通常與《太陽真經》、《太陰真經》等合輯。這些善書，庶民大眾每每視之為宗教性寶典，書中所闡明的德目和禁忌，曾經對黎民百姓發生深刻影響。

限於篇幅，本文只談《司命竈君寶卷》（簡作《竈君寶卷》）。《竈君寶卷》先敘述竈君來歷，再鋪陳竈君擬訂居家十二條禁約的經過：

清同治十二年印製的竈君年畫，右為竈君，左為竈王娘娘。（維
基百科提供）

卻說乾坤既定，疆域以分，人事繁雜，善惡紛呈，天神地祇，查察難周。爾時有一真人，名曰妙行，敬奏玉帝：「下界人煙輻湊，善惡多端，諸神難於考察。南方崑崙山，有一神人，姓張名單，坐在火石上，修練已久，靈通廣大，變化無窮，何不勅召下降，使掌人間煙火，稽查一家善惡。」玉帝准奏，即勅真符召見……「竈君承旨，變化無窮，做了各家竈神。」玉帝大喜，因問用何治法，竈君手捧奏摺一本，呈上奏曰：「臣於接旨之時，即在山中，敬擬禁約十二條，敬呈御鑒，是否有當，伏乞批示遵行。」

這十二條禁約，就是竈神信仰的十二項德目，謹臚列於後：

第一：一禁約，怨寒暑，呵風罵雨。天與神，地與祇，敬禮宜誠。

第二：一禁約，逆父母，不敬翁姑。兄與弟，夫與婦，俱宜和親。

第三：一禁約，虐子女，打罵婢妾。待媳婦，待卑幼，當言慈心。

第四：一禁約，輕尊長，不祀先靈。姒與娌，姊與妹，宜有恩情。

第五：一禁約，敲鍋竈，擲毀器皿。遇米穀，見字紙，敬

惜宜勤。

第六：一禁約，貪口腹，妄殺生命。牛與犬，雁與鱧，永
　　　勿煮烹。

第七：一禁約，露身體，歌唱哭泣。廚房中，新產婦，更
　　　宜迴避。

第八：一禁約，提尿屎，竈前打罵。廚竈下，小孩童，不
　　　宜放置。

第九：一禁約，毛與骨，入竈焚燒。穢柴草，亂頭髮，俱
　　　宜撿棄。

第十：一禁約，豬圈廁，逼近廚房。臭穢氣，能除盡，神
　　　明歡喜。

第十一：一禁約，踏竈門，廚中纏腳。穢鞋襪，溼衣衫，
　　　　勿烘竈裡。

第十二：一禁約，廚竈上，夜放物件。飯畢後，收拾淨，
　　　　焚香敬禮。

　　因為烹飪之事大都由女子為之，所以這十二條禁約的勸
化對象以女子為主。第一至第六條，偏重婦女人際關係與倫
理教化；第七至第十二條，可說是廚房禮儀，或廚房衛生守
則。

　　第七條禁約在教化婦女不可在竈前赤身露體、歌唱哭
泣，亦禁止產婦在廚房中出入。廚房溫度較高，如赤身露體，

既不雅觀，又容易感冒，並容易被沸油濺傷。禁止婦女在廚房唱歌、哭泣，可解釋為情緒過於激動時，不宜下廚烹飪，以免廚藝失誤，或因心神不集中而誤傷自己。產婦禁止下廚，可解釋為產婦惡露未止，近竈將褻瀆神明；亦可解釋為產婦體弱，不宜下廚勞作。

第八條禁約在教化婦女不可將屎尿提入廚房，不可在竈前打罵孩童，亦不可將孩童放置竈下。屎尿等穢物不但惡鼻熏人，也容易經由接觸將其中的病原體感染食品，故禁止入廚。禁止在竈前打罵孩童，是因為廚房中有鍋鏟、菜刀等器具，如一時失手，將釀成大禍。再者，飯前打罵孩童，會影響母親與子女的情緒，有礙消化。不可將孩童放置竈下，是因為害怕為火所傷，或為失手掉落的刀、鏟等器物所傷。

第九條禁約在教化婦女不可將毛骨、穢草、亂髮入竈焚燒。毛骨、穢草、亂髮入火都會產生異味，不但會薰染食物，也將影響操廚者健康。

第十條禁約在教化婦女（及家人）不可將豬圈、廁所設於廚房近處，以維護廚房衛生。舊時農家大多養豬，廁所常與豬圈為鄰。為使廚房遠離豬圈、廁所，故有此項禁約。

第十一條禁約在教化婦女不可腳踏竈門，不可在廚房纏腳，不可在竈上烘烤鞋襪、濕衣。腳踏竈門既不雅觀，又容易摔傷，導致危險（特別是懷孕時）。廚中纏腳有礙衛生；在竈上烘烤鞋襪衣物，會產生異味。

第十二條禁約在教化婦女不可於夜間在廚竈上放置物件，吃過飯後應將廚房收拾乾淨。廚竈上堆置物件，易遭蟑螂、老鼠破壞、汙染，所以必須洗刷乾淨，歸還原位。

　　上述六條禁約，可說是利用神道設教所訂定的廚房衛生守則。《司命寶訓》和《東廚司命真經》也有相似的禁約。在竈神信仰深入人心的傳統社會，這些守則在衛生教育上的社會功能不可等閒視之。

（根據論文〈善書與醫療衛生〉第一節「竈神信仰與廚房衛生」增刪損益而成，原刊《思與言》第 30 卷第 4 期，1992 年 12 月）

達文西的人體解剖圖稿

世人但知達文西為不世出的畫家，很少有人知道他也是解剖學先驅之一。他的解剖圖稿都附有大量註記，故知其繪製目的是為了科學，而不是為了賞心悅目。

巨匠達文西（1452-1519）在其《畫論》（Treatise on Painting）中曾提出這樣的命題：「繪畫是不是科學？」對現代人來說，這個命題並不值得討論，但對崇尚科學的文藝復興時期來說，達文西所提的命題卻是大哉問。達文西自問自答，認為繪畫是一種科學，他在《畫論》中說：

> 不藉助科學，即不能理解自然……如不藉助數學，一切觀察即不能稱其為真正的科學……繪畫作為科學，其要義為點、線、面、體。

換句話說，達文西認為：科學的特點是以數學表述，以實驗求證；而繪畫的語言為歐氏幾何的點、線、面、體，所以繪畫也是一種科學。

達文西的論點，除了反映他本人的博學多能，也反映了

當時的時代思潮。文藝復興的意義，在於推翻中世紀的神權束縛，重新認識自然和自我。西方的崇尚人文與科學，就是從文藝復興開始的。

然而，在文藝復興時期，以學術為事（職）業的大學教授們往往較為保守，而達文西等民間學者卻走在時代前沿，開風氣之先。以西元 1495 年所出版的西方第一本插圖醫學書《醫學彙編》（*Fasciculo de Medicina*）的「解剖課」一圖為例，授課的教授高踞太師椅，照本宣讀伽倫（Aelius Galenus,129-200）著述，生徒們則圍觀理髮匠（彼時理髮匠兼理外科醫師）助手操刀示範。一切都在既定之程式下進行，談不上實驗和實證。而差不多同時，達文西曾親自解剖過數十具男女屍體，畫下大量解剖圖稿。兩相比較，誰較能掌握時代運會已不言可喻。

達文西勤於觀察和實驗，又長於丹青。科學和繪畫相互為用，使其所繪製的解剖圖稿和植物圖稿無不栩栩如生。這些圖稿都附有大量註記，故知其繪製目的是為了科學，而不是為了賞心悅目。

可惜的是，達文西未能將其觀察統攝為理論，所以他沒有成為歷史上的重要科學家。另一方面，達文西不能用拉丁文寫作，甚至連閱讀拉丁文也有困難，這使他不易打入「正統」的學術圈。對於主流學者的批評，達文西不假辭色：「他們的工作浮誇而虛飾，因人成事，沒有資格議論我的得失！」

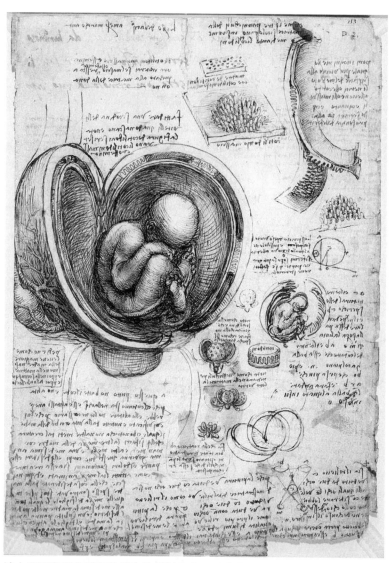

達文西研究子宮與胚胎發育的解剖畫稿。（維基百科提供）

達文西及其同時代的藝術家們對科學最大的貢獻是，將人們的視野拓寬。他們經由親見目睹，而不經由前人著述，對傳統的權威說法提出挑戰。他們更以其高超的畫藝，為其觀察留下生動的紀錄。他們創立了一種新的氛圍，為日後的科學革命（現代科學的建立）奠下基礎。

（摘自〈文藝復興時期藝術家對科學的貢獻〉，原刊《科學月刊》1997 年 9 月號）

從北里柴三郎說起

細菌學是十九世紀的顯學。日本趕上時代運會,培養出北里柴三郎等世界級細菌學家,同時代的中國仍不知細菌學為何物。

最近看到劉仲康教授的〈黑死病——中世紀的天譴〉一文,引發我寫這篇雜感。

劉文敘述法國細菌學家耶爾辛發現鼠疫桿菌的經過:「西元 1894 年,香港發生鼠疫,耶爾辛明瞭在香港有較佳的設備可供他研究此症,因此他離開越南動身前往香港。在同時,一位來自日本的微生物學者北里柴三郎也專程自日本來到香港進行鼠疫病原菌的研究……。」

早在二、三十年前,我就知道細菌學界有北里柴三郎(1852—1931)這號人物。他和耶爾辛共同發現鼠疫桿菌的事(現已證實,北里發現的不是鼠疫桿菌),對我來說也是常識。但北里到香港研究鼠疫的年代——1894 年,卻是過去所沒注意過的。

1894 年,我反覆在心中咀嚼,這不正是甲午戰爭那一年嗎?當日本有了北里這種世界級的大科學家時,咱們中國又

是個什麼樣子？隱約間，我似乎已為中國的戰敗找到了答案。

　　從 1894 年，我又想起了另一個年代——1868 年。這一年日本改元明治，維新運動隨即如火如荼地展開。從明治元年到 1894 年不過短短二十六年，日本就能擁有北里這種人物，其雄邁勇銳，不能不讓人佩服。

　　根據常識，北里是科赫的學生，所以下意識地覺得，北里大概也和幾位華人諾貝爾獎得主一樣，是外國人培養出來的。但事實不然，查閱《中國大百科全書 · 近代醫學

北里柴三郎在科赫實驗室做破傷風研究，攝於 1889 年。

卷》，才知道北里是日本的「土博士」，而且在獲得東京大學醫學博士的第二年（1884），就發現了霍亂弧菌。「沒有三兩三，哪敢上梁山」，北里是懷著一身本事投身科赫門下的啊！

北里獲得東京大學醫學博士這一年——1883 年，距離明治元年（1868）才不過十五年！這又讓我悚然而驚。日本學習西學，也幾乎從頭開始，他們這麼快就能培養出自己的、而且有國際水準的土博士，簡直匪夷所思。日本的十年樹人，創造了教育奇蹟。

和日本的「新速實簡」（蔣中正的一句口號）比起來，咱們中國人不免為之汗顏。如以北里為指標，台灣要在北里之後約九十年（1970 年代初）、大陸要在北里之後約一百年（1980 年代），才能培養出自己的科學土博士。程度呢？儘管兩岸土博士已經車載斗量，但似乎還沒有一位達到北里般水準。

讀者諸君如果認為北里只是個孤例，那就錯了。以細菌學來說，名聲僅次於北里的志賀潔、野口英世、秦佐八郎等，也都是明治時代日本自己培養出來的。其他學門如何我不清楚，想來應該都有自己培養出來的人才。總之，日本學習西方科技，一開始就有本土化的規劃。日本之所以能夠「超英趕美」（毛澤東的一句口號），良有以也。

華裔美人朱棣文榮獲諾貝爾獎，在舉國歡騰中，我們不

免要問：要到什麼時候中國的土博士或本土科技工作者也能獲此殊榮？顧盼海峽此岸與彼岸，似乎還遙遠得很呢！

（原刊《科學月刊》1997 年 11 月號）

維生素 B1 的發現

西元 1886 年，荷蘭學者艾克曼發現腳氣病和食物中缺少某種成分有關。1912 年，波蘭生化學家芬克給這類營養物取了一個新的名兒——維他命。

我們從小學就讀到，缺乏維生素 B1 會生腳氣病，那麼維生素 B1 是怎麼發現的？

現今的印尼，過去是荷蘭的殖民地。1886 年前後，荷蘭政府派遣生化學家艾克曼（Christiaan Eijkman, 1858-1930）醫師前往印尼，擔任雅加達陸軍醫院的檢驗科主任，順便研究腳氣病。腳氣病主要發生在東方，印尼土著患這種病的人很多。

當時細菌學剛剛興起。1882 年，德國醫生科赫發現了結核桿菌，一時風起雲湧，白喉、霍亂、破傷風、肺炎、鼠疫、赤痢等病原體紛紛現形，細菌學因而成為科學界最熱門的學科。腳氣病是不是細菌引起的？這就是艾克曼的研究課題之一。

艾克曼一上任就積極的投入工作，他用細菌學的方法，

在腳氣病患者的排泄物中尋找病原體，連續工作了三個月，什麼也沒找到。助手們都心灰意冷，但艾克曼心想：「科赫發現結核桿菌前後費時半年多，我才工作了三個月，怎能輕易地下結論！」於是他改變方法，將患者的分泌物注射到雞身上，看看會不會感染腳氣病？結果一點兒致病的跡象都沒有。此路不通，艾克

艾克曼像，攝影時間不詳。
（維基百科提供）

曼就把那些雞放在醫院的後院裡，暫時不去管牠們了。

　　過了一段時間，照顧那些雞的阿兵哥跑來對艾克曼說：「先生，那些雞都病了！可能過不了幾天就會死光光，我看乾脆丟掉算了。」艾克曼來到後院，那些雞全都翅膀下垂，頭頸彎曲，雙腳不穩，一副就要倒斃的樣子。艾克曼看著那位阿兵哥，以略帶嚴屬的口氣問道：

　　「你是不是沒餵牠們？」

　　「怎麼沒餵，我天天用病人吃剩的米飯餵牠們啊！」

　　艾克曼將目光再移向那一群雞，驀然間他若有所悟，那些雞的症狀不就是腳氣病的症狀嗎？停滯了的研究重又燃起生機。

然而，正當艾克曼預備重新出發的時候，軍醫院來了一位新院長，對艾克曼大打官腔：「你用醫院的米飯餵雞，這是浪費公帑！」

　　艾克曼向院長解釋：「報告院長，我是在做腳氣病的研究。」

　　「腳氣病研究？」院長以訓斥的口氣說：「你的任務是檢驗，不能本末倒置，要做研究，就買些糙米餵雞好了，不能再用醫院的白米飯！」

　　說也奇怪，那些奄奄一息的雞，吃了糙米立即恢復健康。這個意外事件使他得到啟發。他把雞分成兩組，一組只餵白米飯，一組只餵糙米飯，結果前者得了腳氣病，後者沒有毛病。他又在白米飯中加入米糠，結果得病的雞很快就痊癒了。這些實驗使艾克曼得到兩項結論：其一，腳氣病和病原體無關；其二，白米飯中或許缺少某種重要的養分。

　　這時艾克曼讀到日本軍醫高木兼寬的論文：「米飯搭配上大麥、蔬菜和肉類，就不會得腳氣病。」換句話說，只要營養均衡，就不會得腳氣病。看來這根本是個營養問題嘛！

　　艾克曼徵得殖民地政府同意，用監獄裡患腳氣病的犯人做實驗。那些犯人雖然一肚子不高興，但吃了糙米飯，腳氣病卻痊癒了。至此艾克曼得出結論：米糠中含有一種維持生命的養分。

　　艾克曼的發現說明，養分不止是醣類、蛋白質、脂質和

礦物質，還有一些不可或缺的東西。1906 年，英國生化學家霍普金斯爵士（Frederick Gowland Hopkins）給它取名「輔助因子」。1910 年，日本的鈴木梅太郎在米糠中分離出一種成分，證明就是艾克曼所說的那種養分。1912 年，美籍波蘭生化學家芬克（Casimir Funk）給這類營養物取了一個新的名兒——維他命（意譯維生素）。這個新名兒一直沿用至今。

芬克像，攝於 1964 年。
（維基百科提供）

（原刊《國語日報》2001 年 11 月 22 日）

古時的搖頭丸——五石散

魏晉時，清談之士流行服食一種稱作「五石散」的方劑，服食
後精神亢奮，渾身燥熱，循環加快，有如現今的搖頭丸。

曹丕稱帝（魏文帝）後不到七年就去世了，繼位的曹叡
（魏明帝）也只當了十二年皇帝，接著由曹芳（齊王）
繼位，年號正始。這時曹魏已名存實亡，大權落在司馬氏手
裡。

從司馬懿到他的兩個兒子司馬師、司馬昭，一個比一個
專橫，他們說一套做一套，弄得是非錯亂、價值失序。知識
分子為了避禍和排遣苦悶，過著頹廢、荒誕、喜歡清談的生
活，這種風氣稱為正始玄風。

正始玄風時期，清談的內容主要是《易經》、《老子》
和《莊子》，合稱「三玄」。清談時揮動著一種像小扇子般
的道具——塵扇，就是用塵鹿（四不像鹿）的尾毛編的小扇
子。傳說塵的尾巴不沾塵土，士大夫用來象徵自己的高潔。

清談之士還流行服食一種稱作「五石散」的方劑，其成
分說法不一，《抱朴子》載為丹砂（硫化汞）、雄黃（硫化

正始玄風時期的代表人物為竹林七賢。圖為十六世紀中葉日本佚名畫家所繪〈竹林七賢圖〉。（維基百科提供）

砷）、白礬（硫酸鋁鉀）、曾青（硫酸銅）和磁石（四氧化三鐵），其中丹砂、雄黃有毒。五石散可能就是將這五種礦物，加上其他藥物，依照一定比例所製成的散劑，唯詳情已無從稽考。

清談之士服食五石散，據說和曹操的贅婿何晏（平叔）的倡導有關。何晏說：「服五石散，非惟治病，亦覺神明開朗。」魏晉時期男子以肌膚白皙為美，何晏是著名美男子，皮膚尤其白皙，人們遂認為和服食五石散有關。

何晏的皮膚有多麼白呢？據說比擦了粉還要白。《世說新語‧容止第十四》：「何平叔美姿儀，面至白。魏明帝

疑其傅粉，正夏月，與熱湯餅。既啖，大汗出，以朱衣自拭，色轉皎然。」何晏在皮膚上抹粉，擦掉粉後肌膚竟然更為潔白。這就是成語「傅粉何郎」的出典。

五石散原本是用來治療寒症的方劑，魏晉時卻演變為毒品，作用有如現今的搖頭丸。服食後精神亢奮，渾身燥熱，往往寬衣緩帶，或脫衣裸袒。由於服食後循環加快，也用於壯陽。但五石散究為毒物，長期服用戕害健康，曹魏時的相士管輅形容何晏：「魂不守宅，血不華色。」清談之士壽多不永，或與服食有關。

到了唐代，藥王孫思邈在其《千金翼方》中呼籲世人：「遇此方，即須焚之，勿久留也。」唐代以後便無人再用此方，也就漸漸失傳了。

（摘自〈目送歸鴻，手揮五弦〉，原刊《詩說歷史》，臺灣商務印書館，2014 年 2 月）

西班牙流感之謎

一戰期間,西班牙流感橫掃全球,比戰爭的死亡人數還多!
2005 年,科學家從阿拉斯加永凍層中的屍體中找到西班牙流
感的病毒,揭開了世紀之謎。

　　二十世紀曾發生四次流感大流行,都是 A 型病毒惹的禍,其中 1918 至 1919 年的西班牙流感橫掃全球,死亡人數達兩千萬至五千萬!較一次世界大戰的死亡人數還多!這場大瘟疫來無影、去無蹤,沒人知道它是怎麼引起的?它到底屬於哪一亞型?它的基因序列是什麼?幾十年來,許多科學家想解開這謎題,但一直摸不著頭緒。

　　揭開西班牙流感病毒的秘密,可不是件簡單的事。西班牙流感病毒早已銷聲匿跡,疫情盛行時人們還沒有能力保存病毒。因此,想瞭解西班牙流感,只有兩個辦法,其一,取得當年死者的病理組織;其二,取得當年患者的屍體。

　　這方面的研究,主要是由美國陸軍病理研究所的陶本伯格(Jeffery Taubenberger)的研究團隊完成的。他們在一處庫房,找到一位死於西班牙流感的士兵的肺部樣本,儘管

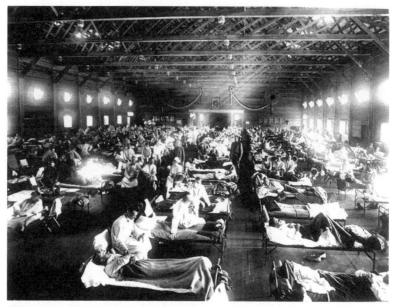

美國堪薩斯州芬斯頓野戰醫院中的西班牙流感病患，攝於 1918 年（翌年 2
月間刊出）。（維基百科提供）

病毒已經支離破碎，但利用生物科技，仍找到九段病毒的
RNA「碎片」，根據這些碎片分離出五個基因（流感病毒有
八個基因）。他們的論文發表在 1997 年 3 月出版的《Science》
上。美國的《Science》和英國的《Nature》是最具權威的科
學期刊，全球科學家莫不以在這兩份刊物上發表論文為榮。

　　「八十多年前的兇手還沒接受正義的審判，」陶本伯格
說：「我們要把它找出來。」這篇論文被退休病理學家哈爾
丁（Johan Hultin）看到了，不禁想起當研究生時的一段往

事。……1951 年，哈爾丁曾經到阿拉斯加的布瑞維格米申（Brevig Mission）凍土地帶挖掘過屍體，但以當時的技術，只能做點病理切片，不可能有什麼重大的收穫。

七十二歲的哈爾丁和陶本伯格聯絡後，隻身來到當年他挖掘墳墓的村落。這個村落位於白令海峽附近，居民是因紐特人（愛斯基摩人的一支），西班牙流感大流行時，村裡的七十二名成年人，只有五名倖存。

起初村民不准哈爾丁挖墳，所幸村裡的女長老還記得他，在女長老的勸導下，哈爾丁在墓穴中發現了一具冰凍得相當完好的女屍，取出肺部組織，交給陶本伯格。新獲得的樣本補足了士兵肺部組織樣本缺失的部分，經過幾年的「拼圖」，研究人員終於將各個片段拼合成完整的基因序列。西班牙流感病毒現形了！

陶本伯格等的論文發表在 2005 年 10 月 7 日出版的《Nature》上，西班牙流感屬於 H1N1 亞型，研究報告說，西班牙流感病毒的基因組有些和禽流感病毒接近，它的八個基因和人流感病毒存在著顯著的差異，這表明它是從禽流感病毒、而不是從人流感病毒演變來的。用陶本伯格的話說：「它是所有哺乳類流感病毒中最像禽流感病毒的。」這一科學發現告訴我們，從禽流感病毒過渡到人流感病毒，並非遙不可及的事。

同一期的《Nature》上，還刊出美國疾病控制及預防中

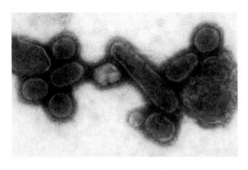

復原的西班牙流感病毒。（維基百科提供）

心（CDC）的坦培（Terrence Tumpey）等的一篇論文，坦培等將西班牙流感病毒的八個基因注入人或動物的細胞內，經過病毒的繁殖過程，竟然使西班牙流感病毒復原了！

您或許會問：坦培復原的西班牙流感病毒會不會使人感染？當然會！復原的病毒「關」在防護重重的實驗室裡，除非有人有意使壞，或是研究人員疏忽，正常情形下是不會讓它跑出來的。2014 年 7 月間媒體報導，過去十年美國 CDC 曾發生五起安全疏失，包括不慎將 H5N1 混入普通流感病毒，送至不知情的其他實驗室。這五起疏失雖未造成禍害，但卻告訴我們：人的因素有很多變數，什麼事都有可能發生。

（摘自〈與您談流感〉，原刊《白話科學──原來科學可以這樣談》，開學文化，2015 年 2 月出版）

王莽解剖王孫慶

王莽時，東郡太守翟義造反，遭株連三族，餘黨王孫慶於九年後落網，王莽下令作活體解剖。本文指出《內經·靈樞》的資料，可能就是得自這次解剖。

中醫典籍首推《黃帝內經》（簡稱內經）。《內經》包括兩部分：《素問》和《靈樞》，前者討論醫理，後者專談針灸。《靈樞·腸胃篇》不但記載了腸、胃的形態，也記載了腸胃道的量度——如重量、寬度、長度。形態可藉經驗得知，量度卻非實地丈量不可。

《靈樞·腸胃篇》，記述從口腔到直腸的解剖數據，包括食道、胃、小腸、大腸的長度、寬度、重量、容量等，全文如下。

> 黃帝問於伯高曰：余願聞六府傳穀者，腸胃之大小長短，受穀之多少奈何？伯高曰：請盡言之，穀所從出入淺深遠近長短之度：唇至齒長九分，口廣二寸半；齒以後至會厭，深三寸半，大容五合；舌重十兩，長七寸，廣二

寸半;咽門重十兩,廣一寸半。至胃長一尺六寸,胃紆曲屈,伸之,長二尺六寸,大一尺五寸,徑五寸,大容三斗五升。小腸後附脊,左環回日迭積,其注於回腸者,外附於臍上。回運環十六曲,大二寸半,徑八分分之少半,長三丈三尺。回腸當臍左環,回周葉積而下,回運還反十六曲,大四寸,徑一寸寸之少半,長二丈一尺。廣腸傳脊,以受回腸,左環葉脊上下,辟大八寸,徑二寸寸之大半,長二尺八寸。腸胃所入至所出,長六丈四寸四分,回曲環反,三十二曲也。

光緒五年(己卯,1879)鐫刻《黃帝內經靈樞註》。

引文中之小腸,約略與現今之小腸同義。回腸、廣腸,應指大腸,但確切意義不明。引文中食道(咽門至胃)長一尺六寸,腸(小腸加大腸)長五十六尺八寸,兩者的比值 1:36,恰與 Gray's Anatomy 的比值相合。證明《靈樞·腸胃篇》所載的量度,是有真憑實據的。

《靈樞·骨度篇》,

是根據一位身高七尺五寸的人量度的。七尺五寸應該是個中等身材的人，因為「骨度」的目的，是標定身體各部位的長度，以便作為針灸取穴的準則。戰國、秦、漢，一尺約為 23 公分左右，換算之下約 172 公分，正是中等人的身材。

王莽像。（維基百科提供）

這位身高七尺五寸的人是誰？根據《漢書‧王莽傳》，東郡太守翟義造反，遭株連三族，餘黨王孫慶於九年後落網，王莽下令作活體解剖：「翟義黨王孫慶捕得，莽使太醫、尚方與巧屠共刳剝之，量度五藏，以竹筳導其脈，知所終始，云可以治病。」這是正史上的第一次解剖紀錄。

王莽殺了王孫慶，量度其五臟，通導其血管，我們不免起疑：腸胃篇及骨度篇所載的量度資料，是不是來自王孫慶？早在 1980 年代初，我在寫作〈我國古代的解剖學沿革〉一文時，就曾這樣臆測過。食道與腸的比值，恰與 Gray's Anatomy 的比值相合，也是撰寫該文時觀察到的。

去秋在網上看到中研院史語所李建民的〈王莽與王孫慶——記公元一世紀的人體刳剝實驗〉，文中引用日本山田

慶兒的研究，認為《靈樞》的〈骨度〉、〈脈度〉、〈腸胃〉、〈平人絕穀〉等篇，與王莽刳剖王孫慶有關。

　　《靈樞》以伯高與黃帝對話行文（《素問》以岐伯與黃帝對話行文），山田稱之為「伯高派」。山田說：「我假定伯高派活躍於王莽的新朝時期，所有的論文撰寫都是這時完成的。」山田的幾篇論文發表於1990年代，較拙文約晚十年。可惜拙文不曾發展成正式論文，在這個命題上未能占得一席之地。

（2016 年 2 月 10 日）

輯四

地理、農業類

樓蘭遺址的發現

西元 1900 年，瑞典探險家斯文赫定無意中發現了樓蘭遺址。樓蘭瀕臨羅布泊，當羅布泊乾涸了，樓蘭跟著成為廢墟。面對大自然，人類必須謙卑。

盛唐詩人王昌齡寫過一首〈從軍行〉：

青海長雲暗雪山，孤城遙望玉門關。
黃河百戰穿金甲，不破樓蘭誓不還。

大唐貞觀、開元年間，文治、武功盛極一時，不少讀書人到軍中當幕客，寫下許多描寫邊疆和戰地的「邊塞詩」。有些詩人雖沒到過邊疆，但也喜歡以邊塞作題材，王昌齡就是其中之一。

王昌齡的這首〈從軍行〉，最有名的是最後一句──不破樓蘭誓不還，常被引來表現少年意氣和建功立業的決心。

漢武帝時，張騫通西域，中國的勢力開始進入天山南、北麓，距離邊關──陽關（今敦煌附近）最近的樓蘭，隨即被中國征服。根據《漢書》的記載，當時的樓蘭有 14,100 人，

在絲路南道的綠洲城邦中，算是最大的了。

　　然而，不知什麼原因，大約從五世紀初（南北朝時），作為絲路南道門戶的樓蘭，開始退出歷史舞台。漸漸地，樓蘭成為文人筆下的一個典故，而不是一個具體的地名，當王昌齡寫作《從軍行》時，真實的樓蘭已不存在了。

　　於是，樓蘭成為地理和歷史上的一個謎。它到底在哪裡？什麼時候消失的？誰也提不出確切的答案。直到 1900 年，瑞典探險家暨地理學家斯文赫定（Sven Hedin, 1865-1952）無意中發現了樓蘭遺址，謎底才算初步揭曉。

　　斯文赫定的探險事業，主要是在新疆和西藏進行的，其中羅布泊是重點之一。羅布泊曾經是個大湖，中國古代的地圖上都畫著它的位置。後來因為氣候變遷，大部分的湖面都乾涸了，只剩下一些零星的小湖泊和沼澤，原有湖址已撲朔迷離。

　　1876 年，俄國探險家蒲斯瓦斯基前往尋覓，在古地圖所繪位置以南整

瑞典探險家斯文赫定。取自 *In Unexplored Asia* in McClure's Magazine, December 1897。（維基百科提供）

整一個緯度，終於找到了羅布泊舊湖址。是中國古地圖畫得不準確嗎？斯文赫定的老師——德國著名地理學家李希霍芬（Ferdinand von Richthofen）教授提出「漂泊的湖」的說法，認為塔里木河的支流會作週期性的改道，因而造成羅布泊南北漂移。

1900 年，三十四歲的斯文赫定第二次到羅布泊一帶探勘（第一次是 1895 年），希望進一步證實李希霍芬的理論。3 月 27 日，斯文赫定寫道：「我們又碰見死的樹林，都是些腐朽的，為沙所剝裂的灰色樹幹。蝸牛殼有時被風掃到窪地裡，在我們的腳下喳喳作聲，就好像秋天公園裡的乾樹葉一樣。」看來那附近曾是古時的河床或湖床吧！

一座樓蘭寺院遺址的木雕。取自斯文赫定著、李述禮譯《亞洲腹地旅行記》（開明，1960 年台一版）。

當天下午，他們看到幾間廢棄的木屋，在裡面挖到一些古錢。這時飲水快用光了，不得不趕快離開。走了二十幾公里，在一處窪地上看到幾棵活著的胡楊樹，知道地下水不會太深，決定停下來掘井，這時才發現鑵子不見了。在沙漠中旅行，鐵鑵攸關性命，一位叫歐得克的維族隊員坦承，是他遺忘在那幾間破屋子裡，自願回去尋找。第二天，歐得克帶回幾塊雕鏤精細的木板，並帶回驚人的消息：那兒豈止是幾間廢棄的木屋，而是一座古城遺址！

　　1901 年 3 月，斯文赫定專程到古城遺址挖掘，找到許多文物和木簡、紙片。斯文赫定不是考古學家，他把出土的資料交給專家鑑定，報告很快就出來了，原來他所發現的古城遺址，就是歷史上的樓蘭！

　　當羅布泊還是個煙波浩渺的大湖時，樓蘭就坐落在湖濱，迎接著絲路上東來西往的駱駝商隊。但曾幾何時，羅布泊乾涸了，樓蘭跟著成為廢墟。樓蘭的故事告訴我們，和大自然比起來，人的力量何等微弱！人類必須學會謙卑，這不僅是一種道德，也是人類的自處之道。

（原刊《國語日報》2001 年 11 月 8 日）

火山島聖托里尼

近四十萬年內,該島毀滅性爆發有一百多次,最後一次約發生在三千六百年前,傳說的「亞特蘭提斯」故事,可能就是源自這次毀滅性災難。

愛琴海渡假勝地聖托里尼是座火山島。該島火山研究、監測機構出版一本小冊子——Santorini《The Volcano》,在序言中說:「聖托里尼是地球上最猛烈的火山之一,它是座巨大的露天地質學、火山學博物館,在世界上獨一無二。」

聖托里尼位於克里特島以北約 120 公里,是西克拉德斯群島最南的一座島嶼。最大島 Thira(狹義的聖托里尼),面積約 73 平方公里,大致呈新月狀,西側為懸崖峭壁,最高處達 350 公尺;東側地勢緩和,有許多優美海灘。

Thira 以西,有 Thirasia、Aspronisi 兩座離島,三座島嶼中央的海中,有兩座新生島嶼——Palea Kameni(舊生島)和 Nea Kameni(新生島),前者形成的歷史不到兩千年,後者只有四百三十年,至今地下的火山仍然蠢蠢欲動。

約兩百萬年前，因火山作用地殼隆起，形成原始的聖托里尼。在最近的四十萬年內，毀滅性爆發就有一百多次，每次都增添一層新岩層，面積也愈來愈大。每次爆發，常將島嶼的大部分摧毀，但接續的爆發又使之重新建構。

　　最後一次毀滅性爆發，發生在約三千六百年前，當時島上已發展出克里特島米諾安文化的高度文明，因而稱為「米諾安爆發」。這次爆發摧毀了島上的文明，甚至遠在一百多公里外的米諾安文明。大爆發使得島嶼中央陷入海中，形成世界上最大的火山口，Thira 和 Thirasia、Aspronisi 即其殘存

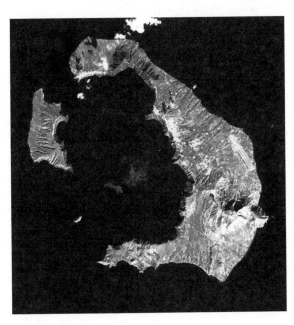

聖托里尼衛星圖，NASA 拍攝，維基百科提供。3600 年前的一次火山爆發，島嶼中央陷落成世界上最大的火山口。火山口中較大、較不定型島嶼為新生島，左側較小、且有植被覆蓋者為舊生島。

1866 年的聖托里尼火山爆發情景，London News 版畫，取自 Travelling among the Cyclades Islands 16-19 century, cultural centre Magalo Gyzi-Santorini。

部分。傳說的「亞特蘭提斯」故事，可能就是源自這次毀滅性災難。

　　進入信史時期，陷落海中的火山一共爆發過九次，分別是西元前 197 年、西元 46 至 47 年、726 年、1570 至 1573 年、1707 至 1711 年、1866 至 1870 年、1925 至 1928 年、1939 至 1941 年、1950 年。Palea Kameni 是西元 46 至 47 年那次爆發萌芽的；至於 Nea Kameni，要到 1570 至 1573 年那次爆發才露出端倪。

在聖托里尼遙望 Palea Kameni 和 Nea Kameni，就像隻橫臥海中的兩隻怪獸，獰惡得令人生畏。其中 Nea Kameni 當地人逕稱「火山」，1573 年之後的五次爆發，都在這座「新生島」上發生。

（原刊《科學月刊》2003 年 12 月號）

于右任為中南半島正名

于右老為中南半島正名的論文，刊 1941 年 2 月 9 日重慶《大公報》。作者在政大圖書館「民國三十八年前重要剪報資料庫」中找到這篇重要文獻。

于右任先生 1964 年 11 月 10 日去世，寒舍有先父所遺《于右任先生紀念集》，其中有《中央日報》地圖週刊主編宋岑短文〈地理正名百代功——敬悼于右任先生〉，謂于右老曾為文倡議改印度支那半島為中南半島，從此通用全國云云。

《于右任先生紀念集》約 1966 年出版，亦即早在 1960 年代我就知道于右老為中南半島正名的事。宋岑文未說明于右老於何時、撰寫何文倡議正名。1980 年代初為編《環華百科全書》，曾到圖書館查過，茫無所得。2014 年中秋期間，為了「大家談科學」補白，上網試試，沒想到竟然查到了！政大圖書館有「民國三十八年前重要剪報資料庫」，于右老的論文〈「中南」半島之範圍與命名問題〉，刊 1941 年 2 月 9 日重慶《大公報》，見資料庫 c150447002.pdf。

1941 年 1 月 5 日，重慶《大公報》刊出陳碧笙先生文章，建議將「印支半島」改稱「中印半島」，其範圍應包含雲南。于右老論文不贊成將雲南列入半島；關於半島名稱，于右老說：

于右任先生晚年像，取自《于右任先生紀念集》。

> 至於「印度支那」一名，原係日人對於西文之譯名，而「支那」一詞含有輕視之意，陳先生主張更改，予亦主張更改。

查一地區之命名也，或依其過去史蹟，或依其所處地理位置，或依其特殊政治情形，或依其山川河流，或依其民族習俗等。西人名之為 Indo-China Peninsula，實其界於中國與印度之間，僅就「半島」之地理位置而言也。予今提議命名為「中南半島」，請述其理由如次：

先就歷史言，「中南半島」自有史以來，早為中國政治文化勢力所及之地，越南關係尤密，直接為中國郡縣者一千餘年，且半島各地完全脫離我國尚不及六十年（1885

年越南割與法，1886 年承認英人治緬）。我先民披榛斬棘，移殖繁衍於「半島」上也，有史可稽，故「半島」上之風俗習慣，今尚留有舊風。再以其種族而言，「半島」上諸民族皆我中華民族之旁系，有密切之血緣，故「半島」與中國之關係，可謂厚矣！再以其地理位置而言，「半島」居中國之南部，扼我西南邊疆滇桂等省之門戶。……更以「半島」上之山川河流而言，其大部亦係自北而南，與橫斷山區之山川相同，諸水且大抵皆源於我國境內，而我國西南邊疆與「半島」接界之處，因橫截山川，極不自然，故多年有片馬、江心坡等處劃界之困難，而要足證明，中國與半島形勢相關之密切也。今改「半島」之名曰「中南半島」，足以使國人紀念警惕，表示其地居中國之南部，亦指示「半島」在中國與南洋之間。……願國內地理學家詳論而倡導之！

于右老論文刊出後，各界翕然景從，中南半島遂成為全球華人之定稱。

（原刊《科學月刊》2014 年元月號）

談談大陸漂移

將大西洋兩岸拉近，非洲和南美洲大致可以嵌合，這是偶然的嗎？1915 年，地質學家魏格納提出大陸漂移學說。本文敘說從大陸漂移到板塊理論的歷史。

不知您可曾注意過，如將大西洋兩岸拉近，非洲和南美洲的海岸線大致可以嵌合，這只是偶然現象嗎？

早在十六世紀，繪製第一份世界地圖的奧特流斯（Abraham Ortelius）就注意到，大西洋兩岸的海岸線有分離的痕跡。奧氏認為，潮汐和地震的力量，將兩個大陸扯開，進而愈行愈遠。1915 年，德國地質學家魏格納（Alfred Lothar Wegener，1880-1930）出版《大陸與大洋的起源》（*The Origin of Continents and Oceans*）一書，提出「大陸漂移」學說，設想在古生代石炭紀以前，大陸由盤古大陸構成，周圍圍繞著遼闊的海洋。到了中生代末期，盤古大陸在天體引力和地球自轉所產生的離心力作用下，破裂成若干塊，逐漸形成今日各大洲和大洋的分布狀況。

大陸漂移學說雖然言之成理，但對於漂移的「動力」，

倡導大陸漂移學說的魏格納。1912-1913 年攝於格陵蘭越冬基地。（英文版維基百科提供）

卻一直提不出合理的解釋，所以這個學說曾經沉寂一段時間。到了 1950 至 1960 年代，逐漸發展出板塊構造理論，認為地殼由板塊拼合而成，由於海底擴張，海洋和陸地的相對位置不斷變化，因而造成板塊的移動，也就彷彿是大陸漂移。

這樣看來，海底擴張就是魏格納大陸漂移的動力嘍！那麼海底為什麼會擴張？動力從哪裡來？原來在大洋中，板塊接壤處有綿亙萬里的海底火山構造，高約 2,000 至 3,000 公尺，寬約 500 至 1,000 公里，稱為「中洋脊」。中洋脊的中

央為海底裂谷，地函的熱對流，使得岩漿從裂谷中不斷湧出，冷卻成玄武岩，形成新的海洋地殼，將較舊有的地殼向兩旁推擠。因此，離中洋脊愈遠的地殼愈老，而中洋脊中央則是最年輕的新生地殼。

另一方面，當兩個板塊碰撞時，一個板塊的邊緣會插進另一板塊之下，進入軟流層，被地函的高熱熔化，這個過程稱為「隱沒」（大陸譯俯衝作用）。陸地板塊較海洋板塊輕，海陸板塊碰撞時，一般而言，海洋板塊會隱沒在大陸板塊之下，其邊緣會形成深陷的海溝。當兩個陸地板塊碰撞時，兩板塊的邊緣會互相結合、擠壓，並隆起成為山脈。高聳的喜馬拉雅山脈，就是印度板塊撞上歐亞板塊所形成的。

我們雖然覺察不出陸地正在漂移，但科學家告訴我們，兩億四千萬年前，世界上的大陸曾聚合成為一個超級大陸，即盤古大陸。此後逐漸分裂，直到一千萬年前，才大致形成現今的樣貌。

以喜馬拉雅山脈來說，約五千萬年前，印度板塊原本是島嶼大陸，因大陸漂移接近現今的西藏，其前沿隱沒在歐亞板塊之下，形成一連串火山活動。接著兩者相撞，海洋沉積物被擠壓隆起，產生造山運動。時至今日，印度板塊仍在徐徐推進，因而喜馬拉雅山脈每年大約以 5 公分的速率繼續增高。

台灣位於菲律賓海板塊的隱沒帶上，約六百萬年前，菲

律賓海板塊向北移動，撞向歐亞板塊，將中國東南邊緣的大陸斜坡抬高。這一造山運動迄今仍在進行，致使中央山脈每年約升高三公分。其實，太平洋西岸的日本、琉球、台灣、菲律賓等一系列島嶼，都位於菲律賓海板塊隱沒帶邊緣，也都有旺盛的地震活動。因此，居住在台灣的我們，只能與地震共存，而無法改變既定的宿命。

（摘自〈與您談地球〉，原刊《白話科學——原來科學可以這樣談》，2015 年 2 月出版）

從鄭和到一帶一路

一帶一路的「一路」，最初由印度人掌控，回教興起後由阿拉伯人掌控，鄭和下西洋就是循著這條航路。如今鄭和下西洋被賦予高度的政經意涵。

回教崛起以前，從印度洋到東方的通商航路由印度人掌控，這從東南亞曾經盛行印度教及佛教可以得到證明。又如早期前來中國的天竺僧人大多來自海上，達摩禪師就是經海路到達廣州的。法顯前往印度求法，回程也是走的海路。回教興起後，這條航路由阿拉伯人和波斯人取而代之。

從 1996 年 7 月起，我在《科學月刊》開闢「畫說科學史」專欄，至 1997 年 6 月，一共寫了十二篇，為期一年。1997 年 5 月號，刊出的是〈明代的麒麟──鄭和下西洋外一章〉，我寫道：

> 在地理大發現之前，阿拉伯人一直控制著東西海上
> 貿易。他們的三角帆帆船體積並不大，但憑著冒險犯難的

精神，和熟練的航海技術，卻能往來於東非、中亞、印度次大陸、東南亞和中國之間。他們使得馬來西亞和印尼等地改宗回教，也使得回教在亞、非兩洲的分布，早在鄭和下西洋時已和現今相若了。

〈明代的麒麟——鄭和下西洋外一章〉刊出後，中國大陸漸漸興起鄭和熱，大約從 2000 年起，就鋪天蓋地的展開熱身活動。永樂三年六月十五日（1405 年 7 月 11 日）鄭和奉詔出使西洋，2005 年 7 月適逢鄭和下西洋六百週年，鄭和熱至此達到高潮。

「紀念鄭和下西洋六百週年國際學術論壇」於 2005 年 7 月 4 日至 6 日在南京召開，為了參加這一歷史性盛會，特地撰成論文〈鄭和下西洋與麒麟貢〉（刊《自然科學史研究》

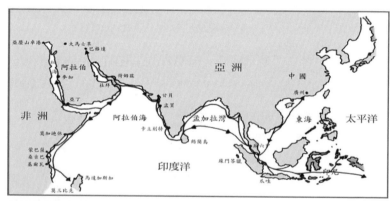

阿拉伯人通商航路圖，取自《國家與人民》（錦繡，1990）。這條航路與鄭和的航路基本一致。

第二十五卷第四期，2006年）。又應科月之邀，撰成專文〈海的六〇〇年祭——為鄭和下西洋六〇〇週年而作〉（刊《科學月刊》2005年7月號）。

在〈海的六〇〇年祭——為鄭和下西洋六〇〇週年而作〉一文，「旺盛的海洋企圖」一節，我寫道：

> 中國高規格紀念鄭和下西洋是有其政治目的的。中國原為天朝大國，鴉片戰爭以降的民族屈辱，不知累積了多少能量，紀念鄭和，意味著積極進軍海洋的意圖。其次，在歷史上，國家的崛起幾乎都仰仗武力，當今列強無一例外。中國提出「和平崛起」的說法，以免周邊國家疑慮。鄭和下西洋未曾占領土地，也未掠奪財物，和地理大發現時代的西方探險家相較，的確可以做為和平崛起的見證。

2005年7月2日，我取得剛出爐的《科學月刊》七月號，7月3日就飛往南京，風風光光的出席「紀念鄭和下西洋六〇〇週年國際學術論壇」。這次論壇下榻鐘山賓館，國外和港澳台學者住貴賓樓，每人一間小套房。大會送的禮品又多、又好，單是一套特別燒製的紫砂茶具就價值不菲。出席過那麼多次研討會，沒有一次比這次規格更高。

在南京期間，大會安排與會學者參訪龍江造船廠遺址、天后宮、淨覺寺、浡泥國王墓等與鄭和有關的古蹟，接著前

往太倉瀏河鎮，參觀始建於元代的天后宮，並出席盛大晚會。離開太倉，又移師上海，出席 7 月 8 日的「鄭和航海暨國際海洋博覽會」開幕式。整個活動 7 月 10 日結束。當日少數代表飛往北京，出席 11 日的中央紀念大會。

　　中國大陸的飛躍發展是近十年來的事。2005 年，也就是十幾年前，大陸還不能和現今相比。記得上海科協的一位女士問起台灣一般家庭購買私家汽車的事，臉上明顯地露出羨慕的表情。當時心中不免會問：大陸不算富有，何以傾國家之力，舉辦「紀念鄭和下西洋六○○週年國際學術論壇」？難道只是為了證明中國可以和平崛起？

　　2013 年 9 月和 10 月，中國大陸領導人習近平分別提出「絲綢之路經濟帶」和「二十一世紀海上絲綢之路」經濟合作概念，合稱「一帶一路」。差不多同時，習近平又提出籌建「亞洲基礎設施投資銀行」（亞投行），「一帶一路」已從概念化為行動。2015 年 2 月，中共中央成立「推進一帶一路建設工作領導小組」。5 月間，大陸官方（央視）公布「一帶一路」路線圖，各報紛紛依樣繪製，「一帶一路」的戰略目標更清楚了。

　　「一帶」的主線，似乎是舊絲路的延伸，往東南亞進入南亞的支線，陸上一段似乎沿著馬幫足跡，海上一段則與鄭和航路部分重合。至於「一路」，可說是鄭和航路的延伸；通往澳洲一段，則為鄭和航線所無。

中國大陸官方（央視）公布的「一帶一路」路線圖。

　　看了大陸官方版的「一帶一路」路線圖，十年前中國大陸傾國家之力紀念鄭和下西洋六百週年的目的已昭然若揭。原來這是個醞釀已久，為了經略歐亞非三洲而謀劃的大戰略啊！

　　至於「一帶一路」的戰略目標，有人認為，是以「西進」化解美日的海上封鎖；有人認為，是為了化解國內過剩的生產力。個人認為，除了這些消極的目標，應該還有積極的目標。諸葛武侯提出隆中對，不只是為了替劉備找個棲身之處，而是為了三分天下，再徐圖中原；「一帶一路」可視為二十一世紀的隆中對。

　　地理大發現之前，從東非到中國的航路，先是由印度人掌控，回教興起後由阿拉伯人掌控。鄭和七下西洋，不過是循著阿拉伯人的足跡所做的七次海上大秀，對於所經歷的亞

非各國幾乎沒發生什麼影響。然而，鄭和缺乏高遠政經目標的七次巡行，如今卻被賦予高度的政經意涵，這歷史的邏輯何其弔詭！

（原刊《中華科技史學會學刊》第 22 期，2017 年 11 月）

復活島之謎

復活島現今是個荒落的小島。從孢粉和先民的垃圾,得知該島曾經覆蓋著茂密的亞熱森林。當玻里尼西亞人來到島上,當地的植被就開始衰退。

西元 1722 年,荷蘭探險家羅捷文(Jacob Roggeveen)在南太平洋發現了一個島嶼,那天剛好是復活節,就給它取名復活島。

復活島面積 163.6 平方公里,現屬智利。島嶼四周,面向大海有六百餘尊巨石雕像,連同未完成的,共有八百八十七尊。這些巨石像一般高約 5 公尺,重約 18 公噸,最大的一尊高達 9.75 公尺,重達 81 公噸。有一尊未完成的,完成後高約 21 公尺,重約 270 公噸!

復活島上的巨石像一直讓考古學家大惑不解:雕製眾多的巨石像,需要眾多的人力,一座荒落的孤島怎能養育眾多的人口?即使是二十一世紀的今天,島上也不過只有五千多人!

近年來經由孢粉化石的研究,揭開了部分謎底。埋在土

十八世紀末復活島一景，油畫，William Hodges 繪，作於 1795 年。（英文版維基百科提供）

中的花粉和孢子，可以告訴我們該地曾有哪些植物生長。現今童山濯濯的荒島，人類沒到來前曾經覆蓋著茂密的亞熱森林。火山產生的火山灰，為植物提供豐富的養分。鬱鬱蒼蒼的森林，成為昆蟲、鳥類等動物的天堂。當年島上的自然資源，足以支撐人類在此繁衍生息。

玻里尼西亞人什麼時候來到島上有多種說法，最早的是西元 300 年至 400 年左右，最晚的是 1200 年左右，總之，他們在島上繁衍生息後，當地的植被就開始衰退。島上有一種已滅絕的大型棕櫚科植物——復活島棕櫚（*Paschalococos disperta*），曾經是島上的優勢種，其髓和果實可以食用，其

玻里尼西亞人擅長航海。圖為搭乘雙體木舟，頭戴面具的夏威夷人，前往執行某一儀式。庫克船長探險隊隨隊畫家 John Webber（1751-1793）繪。（維基百科提供）

樹幹可造船，或作為搬運巨石像的滾軸。根據孢粉化石，自從人類踏上該島，復活島棕櫚就開始減少，西元 1400 年左右滅絕。根據島民的垃圾遺存，島上至少曾有二十五種陸生鳥類，隨著植被破壞，也相繼滅絕了。

當玻里尼西亞人來到島上後，人口迅速增加。島上的巨石像大多完成於西元 1250 至 1500 年左右，換句話說這時人口達到頂峰，估計約有 7,000 至 20,000 人。島民依賴森林資源和捕捉海豚等海產為生，復活島棕櫚滅絕後，不再有造船的材料，因而西元 1500 年後海豚骨骼便從垃圾遺存中消失。

島民變成純粹的農民，越來越依賴糧食作物，並更加重視養雞，植被砍伐造成水土流失，土地越來越貧瘠。羅捷文發現該島時，島上的土著只剩下 2,000 人左右了。

復活島的例子說明：一個孤立的生態區是養活不了太多人口的，如果任令人口增加，最後的結果可能是同歸於盡。

（原刊《自然札記》，風景文化出版社，2007 年，經改寫而成此文）

嫁接——中國的重大園藝發明

遠在西元前 2000 年前，中國人就發明了嫁接技術，是農業科技上的重大發明。嫁接是不斷實驗的結果，絕對不是偶然的運氣。

果樹發生突變，有些結的果實特別好吃，或特別大。農民發現了這樣的果樹，就會留下它的種子，希望子代結的果實和親代一樣好吃，或一樣大。如果播種後不如預期，農民還有一招，就是插枝，如果可以插活，所結的果實絕對可以「掛保證」，我們常吃的葡萄，就是用插枝繁殖的。

然而，有些果樹不能插枝——根本就插不活；靠播種嘛，子代結的果實參差不齊，並不能保持親代的優良性狀，幾乎沒什麼價值。薔薇科的蘋果、梨、桃、李子、櫻桃等就屬於這一類。嫁接（接枝）技術還沒發明前，這類果樹如有一棵結的果實特別好吃，或特別大，那麼就只有這一棵，無法衍生出很多棵，當然也就無法推廣了。

遠在西元前 2000 年前（距今四千多年前），中國人就發明了嫁接技術，解決了這項園藝上的難題。農民一旦發現

櫻桃嫁接。將優良品種的枝條，嫁接到一般櫻桃樹上，Karelj 攝。（丹麥文
維基百科提供）

某一棵果樹結的果實特別好吃，或特別大，就割下一小段枝
條，接在另一棵的樹枝（砧木）上。只要嫁接的枝條和「砧
木」結為一體，「嫁」到砧木上的枝條就可以繼續生長，結
出和親本一樣好吃，或一樣大的果實。嫁接還可用在親緣相
近的植物呢！例如蘋果接在桃樹上，或牡丹接在芍藥上。

　　中國人發明的嫁接技術，早在西元前就傳播到歐亞各
地，廣泛應用在果樹、花卉等園藝作物上。蘋果原產中亞和
新疆天山一帶，至今仍有野生種，相信也是藉著中國傳去的

嫁接技術馴化的。

　　美國著名人類學家戴蒙在他的名著《槍砲、病菌與鋼鐵——人類社會的命運》裡說：「這些果樹（蘋果等）得靠複雜的農業科技——嫁接，中國在農業起源不久，就發展出這項科技。」戴蒙認為，嫁接是不斷實驗的結果，絕對不是偶然的運氣。

　　世界有三大果樹原產地：南歐、華北和華南。起源華北的果樹有桃、李、梨、杏、柿、棗、栗子等；起源華南的果樹有柑橘、橙、柚、桂圓、荔枝、枇杷、獼猴桃（奇異果）等。中國在農業起源不久，就開始種植桃、李、梨、杏等薔薇科果樹，可見很早就掌握了嫁接技術。反過來說，或許桃、李、梨、杏等原產中國，中國人才發明了嫁接技術。箇中因果已難以論斷了。

（原刊《地球公民》第 37 期，2008 年 8 月號，經過增補而成此文）

殷人養什麼牛？

殷商至西周，人們豢養的不是黃牛，而是一種已滅絕的水牛——聖水牛，這從古生物學文獻，及殷商、西周的牛形器物可以得到證明。

如果回到殷商時期的黃河流域，您會發現，黃河中下游河道縱橫，低窪地區森林沼澤密布。人們飼養的牛，不是黃牛，而是一種已滅絕的上古水牛。這種水牛的體型較現今的家水牛小，頸部粗短，兩角作三稜形，向後彎的曲率較大（呈凵形），額部凹陷，和家水牛很容易區分。

我是怎麼知道殷商時期的畜牛是一種水牛的？說來可真話長。1997 年歲次丁丑，我在《科學月刊》二月號發表應時文章〈野牛滄桑〉，附帶發現了一個有趣的現象：商、西周的牛形器物，無不取象於水牛屬，沒有一件例外！中文習稱的「牛」，主要指牛屬（*Bos*）和水牛屬（*Bubalus*）。前者的角較圓，無橫紋；後者的角較寬，有橫紋。單單從角形，就可以輕易區分。

我意識到，這一附帶發現，在生物史和農業史上具有重

司辛石牛，商代後期，中國歷史博物館藏。婦好墓出土。除了雲紋裝飾，其餘無不寫實，與古生物學所描述的聖水牛完全吻合。

大意義。寫作〈野牛滄桑〉時輾轉獲悉，殷墟曾出土大量哺乳動物遺存，前輩學者德日進、楊鍾健和楊鍾健、劉東生曾加以研究，撰成兩篇關鍵性論文。我又輾轉獲悉，殷墟遺存中有一種已滅絕的水牛——聖水牛。古人「鑄鼎象物」，商、西周的牛形器物是否取象這種上古水牛？

　　楊鍾健、劉東生的〈安陽殷墟之哺乳動物群補遺〉（1949）在台大圖書館找到了；德日進、楊鍾健的〈安陽殷墟之哺乳動物群〉（1936），直到 1997 年夏才從北京自然科學史研究所的汪子春先生處得到一份複印本。

　　看完這篇經典論文，不禁拍案歡呼。根據德、楊二氏論文，殷墟哺乳動物遺存的水牛屬只有一種，即 *Bubalus mephistopheles*，德、楊將之譯為「聖水牛」。殷墟出土的哺乳動物遺存，可以反映殷商時期安陽一帶家畜及野生動物的

種類和數量。既然遺存中水牛屬只有聖水牛一種，那麼牛形器物取象這種已滅絕的水牛，豈不是理所當然的事。

殷墟哺乳類遺存中出土的聖水牛甚多，有不少頭骨保存完整。對照商、西周牛形器物，兩者一一吻合。這是古文物記錄古生物形態的特殊案例，極其稀有罕見。歷來古生物學家未注意到商、西周的牛形器物，而考古學家未注意到古生物學家的研究成果，筆者有幸將兩者連在一起。

我將上述觀察致函生物史家汪子春先生，請他查詢一下，這個問題可曾有人探討？他查閱文獻、徵詢專家，結論是：「國內確定沒人做過。」於是就在 1997 年——寫作〈野牛滄桑〉那年秋天，放膽寫成兩篇論文〈殷商畜牛——聖水牛形態管窺〉和〈殷商畜牛考〉，成為筆者科學史探索的重要作品。

1998 年又寫成〈甲骨文牛字解〉，判定甲骨文的「牛」字，專指聖水牛。換言之，在殷商時代，「牛」字為一專稱，而非泛稱。寫作此文時我才獲悉，早在 1983 年，法國漢學家雷煥章神父（1922—2010）已發表一篇重要論文〈兕試釋〉，解釋甲骨文「兕」字，指的是野生的聖水牛，而「牛」字為畜養的聖水牛。自民初以來，解釋甲骨文「兕」字的學者不在少數，包括董作賓、唐蘭等大家，但沒有一篇較雷神父的大作更能讓人信服。

2006 年 12 月 4 日，我和楊龢之到耕莘文教院造訪雷神

父，呈上三篇有關聖水牛的論文，雷神父出示他的幾本甲骨文大作，當真可以用博大精深來形容。雷神父謙謙君子，一再說他半路出家，歡迎我們和他討論學問。我們哪有資格和他討論學問啊！

引介我們晉見的同事蕭淑美說，她曾問過雷神父，他是用法文思考還

雷煥章神父，攝於其耕莘文教院雷神父的小書房。雷神父手上的文件，為筆者所呈三篇論文複印本。（蕭淑美攝）

是用中文思考？雷神父說，大概只有做夢時才用法文思考吧。雷神父 2010 年 9 月 24 日回歸天家，葬於彰化靜山墓園。

（作於 2016 年 2 月 11 日，前半部根據〈乙丑談牛──談談中國畜牛的演變〉等文敷衍而成，〈乙丑談牛〉原刊《科學月刊》2009 年 2 月號）

談談基改作物

早在 1911 年，德國科學家發現了一種土壤桿菌，含有可以殺蟲卻對人體無害的毒蛋白。當基因轉殖技術發展成熟，免用農藥的基改作物就誕生了。

基因工程的重頭戲之一，就是基因改造作物（簡稱基改作物，或 GMO）。所謂基改食品，就是用基改作物所製成的食品。消基會公布一長串名單，市售的漢堡、泡麵、洋芋片、玉米醬、豆製品等等，有不少是基改食品。近年一些大食品公司的產品都標示著「非基因改造食品」字樣，可見基改食品的問題已引起社會注意了。

「基改」的目的，主要是對付蟲害。防治害蟲，我們固然可以噴灑農藥，但農藥所費不貲，還會損害人體的健康、汙染土地、影響環境。因此，最理想的辦法，莫過於改造作物的基因，使它產生一種對人體無害的毒蛋白，讓害蟲不能吃它。

目前市面上的基改食品，主要是從美國進口的玉米、大豆和馬鈴薯製品。要使這些作物產生一種對人體無害的毒蛋

白，就得改造它的基因。基因工程的進展，使得我們可以將甲生物的基因，「轉殖」到乙生物的染色體上。因此，我們只要找到一種對人體無害，卻能毒死害蟲的毒蛋白，再找出產生這種毒蛋白的基因，把它轉殖到作物身上，不就可以改造成抗蟲的基改作物嗎？這種對人體無害，專門毒殺害蟲的毒蛋白到哪裡找啊？

早在 1911 年，德國科學家在德國圖林根邦發現了一種可以殺死螟蛾的土壤桿菌，就取名圖林根桿菌（*Bacillus thuringiensis*），簡稱 Bt 菌。1938 年，法國開始用 Bt 菌作為殺蟲劑。到了 1960 年代，科學家找到許多品系的 Bt 菌，幾乎可以對付所有的害蟲。Bt 菌含有一種可以殺蟲，但對人體無害的毒蛋白。當基因轉殖技術發展成熟，科學家就順理成章地想到 Bt 菌，於是免用農藥的基改作物就誕生了。

除了抗蟲基改作物，生物科技界還發展出抗病、抗霜凍、

將螟蛾幼蟲放在尋常花生（上）的葉子上，隨即遭其啃噬；放在含有 Bt 菌抗蟲基因花生的葉子上（下），則避之唯恐不及。美國農業部農業研究局（ARS）公布圖片。（維基百科提供）

抗除草劑等一連串基改作物。有趣的是，抗霜凍基因竟然得自北極海域的一種比目魚！可見動物基因也可轉殖到植物身上。

科學家的「乾坤大挪移」，使得環保人士憂心忡忡。他們認為，縱使基改作物對人體沒毒，也難保不對環境造成衝擊。何況一些活生生的例子，正預示著問題並不那麼簡單。

美國的科學家發現，美國玉米帶的大樺斑蝶（君主蝶或帝王蝶）正在減少。玉米是風媒花，基改玉米的花粉，一旦落到大樺斑蝶的食草——蘿藦科的乳草上，就可能毒死牠們的幼蟲。北美西部的大樺斑蝶飛往加州過冬，中部和東部的則千里迢迢地飛往墨西哥中部山區過冬，是聞名世界的自然奇景。大樺斑蝶的例子引起世人注意：基改作物是不是還有其他潛在的危險？

南遷過冬途中，經過美國德州中部的大樺斑蝶，David R. Tribble 攝。（維基百科提供）

再說，很多鳥兒以昆蟲為食。基改作物可以殺死害蟲，也會殺死無害的昆蟲。昆蟲少了，以昆蟲為食的鳥類當然就會減少。英國人喜歡夜鶯，浪漫詩人濟慈的〈夜鶯頌〉不少人能背誦上幾句；然而英國人發現，他們所喜愛的夜鶯愈來愈少，據說就是基改作物惹的禍。

　　環保人士更擔心抗蟲或抗除草劑基改作物會經由授粉，傳給周遭的植物，使抗蟲或抗除草劑基因流竄野地，產生出不受控制的「超級野草」。生態系統牽一髮而動全局，今後還會產生什麼問題，任誰也無法預測。

　　除此之外，宗教人士對基改也有異議。生命是大自然的產物，每種生物都有其獨特的基因，不容隨意竄改，擾亂了大自然的秩序。對於科學家的亂點鴛鴦譜，以天主教為主的宗教界大不以為然，頻頻呼籲科學界尊重「生命的尊嚴」，不應為了短期利益不計後果。

　　基改作物的寡頭壟斷更讓人詬病。美國的孟山都公司就是個例子，這家跨國生技公司以供應基改作物的種子聞名，在美國本土的市場占有率高達九成！在世界各地占有率自七成至十成不等！為免農民不再買他們的種子，孟山都等生技公司出售的種子帶有「絕育」基因，所結的種子不能發芽，必須年年向他們購買，顛覆了亙古以來農民留下種子以備來年種植的傳統。

　　基改作物的大本營在美國，其次是巴西、阿根廷、印度

和加拿大，根據 2011 年的資料，這五個國家的種植面積都超過一千萬公頃，美國更高達七千萬公頃。美國以種植玉米、大豆、棉花、油菜、甜菜為主，巴西、阿根廷以種植玉米、大豆、棉花為主，加拿大以玉米、大豆和甜菜為主，印度主要是棉花。

中國大陸種植面積居世界第六位，合法的只有棉花和木瓜，非法種植卻高居世界首位，分布全國大部分省市。以華中農業大學研發的 BT63 抗蟲水稻為例，已在各地擴散。2014 年 4 月間，央視「新聞調查」在武漢一家大型超商隨意購買五種稻米，竟有三種出自基改水稻！

2013 年 7 月間，中國大陸有六十一位院士聯名上書：「推動轉基因水稻種植產業化不能再等，再遲緩就是誤國。」大陸農業部長於 2014 年 3 月間在記者會上說，對基改的態度是：「在研究上要積極，堅持自主創新；在推廣上要慎重，做到確保安全。」不過反對聲浪此起彼落，一時恐怕難以定案。

大陸學者主張自行研製「黃金米」，也就是經由基改使稻米含有維生素 A 的先驅物 β-胡蘿蔔素（所以呈金黃色）。2000 年，瑞士和德國學者研製出黃金米，2005 年更研製出第二代黃金米，β-胡蘿蔔素含量較第一代高二十三倍。然而迄今沒有一個國家推廣基改小麥和稻米！院士們甘冒天下之大不韙，大概是基於龐大的人口壓力，還有什麼比餵飽十三億人的肚子更重要呢？

美國、巴西、阿根廷和加拿大地廣人少，而且都是糧食出口國，這些國家對基改作物的管理較為寬鬆。另一方面，歐洲國家對基改作物很不放心，不但種植面積有限，管理也較嚴格。不過完全禁絕基改食品的國家並不多，歐洲只有波蘭、捷克和希臘，亞洲只有泰國，南美只有委內瑞拉，非洲只有阿爾及利亞和貝寧。

（摘錄〈與您談基因工程〉，原刊《白話科學》，2015 年 2 月出版）

七月流火

《詩經‧豳風‧七月》，可說是一部豳地（今陝西邠縣一帶）農民的行事曆，具有無與倫比的史料價值。

我在世新大學開設通識課程中國科技史，有一講「齊民要術——中國的傳統農業」，談到蠶桑時，我引《詩經‧豳風‧七月》第二章的詩句，並以六言詩將其前半部譯為語體：

> 七月流火，九月授衣。春日載陽，有鳴倉庚。女執懿筐，遵彼微行，爰求柔桑。
>
> 〔七月火星西沉，九月縫製寒衣。春日陽光明媚，黃鶯鳴囀歡唱。婦女手提籃筐，絡繹行走路上，為求柔軟嫩桑。〕

學生認為譯得很好，我自己也認為譯得不錯，得意之餘，寄給幾位朋友看。有位朋友來信指出，「流火」的火，指的是心宿二，即天蠍座 α 星，也就是「大火」，不是火星。

沒想到一起手就譯錯了！譯文中的「火星」，應改為「大火」才對。

心宿二及其伴星，Sephiroth 繪製（維基百科提供）。伴星心宿二 B，1819 年才被人發現。

我開設的中國科技史課程，也有一講「觀天鑑人——中國古代的天文學」，所以對中國古代天文學也略知一二。中國將一組星星稱為一個星宿（又稱星官），每一星宿的星星以數字編號，有時另有專名。上述心宿二是編號名，大火是專名。

心宿二是一顆紅巨星，發出火紅色的亮光，所以取名大火。我們的祖先早就觀察到，每到夏末秋初，心宿二會逐日西沉，表示天氣將逐漸轉涼了。

朋友指出譯詩錯誤，使我興起將全詩譯為語體的念頭。這首詩共有八章，沒想到語譯第一章時又遇到麻煩。第一章是：

七月流火，九月授衣。

一之日觱發，二之日栗烈。

無衣無褐，何以卒歲。

三之日于耜，四之日舉趾。

同我婦子，饁彼南畝，田畯至喜。

　　詩中的一之日、二之日、三之日、四之日是什麼？「中文百科在線」的「古代十二月用語異稱」給了我答案，原來分別指夏曆的十一月、十二月、正月和二月。再深入探討一下，原來《豳風‧七月》夏曆、周曆並用。「七月流火，九月授衣」，顯然是夏曆；一之日、二之日等，顯然是周曆。周曆以夏曆十一月，也就是冬至所在的月份為歲首。難道《詩經》時代曆法還沒統一嗎？

　　答案是肯定的。百度百科「周曆」條告訴我們：「春秋戰國時代有所謂夏曆、殷曆和周曆，三者主要的區別在於歲首的月建不同，所以又叫做三正。周曆以通常冬至所在的建子之月（即夏曆的十一月）為歲首，殷曆以建丑之月（即夏曆的十二月）為歲首，夏曆以建寅之月（即後世通常所說的陰曆正月）為歲首。……我們閱讀先秦古籍有必要瞭解三正的差異，因為先秦古籍所據以紀時的曆日制度並不統一。舉例來說，《春秋》和《孟子》多用周曆，《楚辭》和《呂氏春秋》用夏曆，《詩經》要看具體詩篇，例如《小雅‧四月》

用夏曆，《豳風・七月》就是夏曆和周曆並用。」

好了，問題已解決，可以試著將《豳風・七月》全詩譯成語體了。為免混淆，周曆一律改為夏曆。這首詩可說是一部豳地（今陝西邠縣一帶）農民的行事曆，具有無與倫比的史料價值。請看拙譯：

七月流火，九月授衣。一之日觱發，二之日栗烈。無衣無褐，何以卒歲。三之日于耜，四之日舉趾。同我婦子，饁彼南畝，田畯至喜。

〔七月大火西沉，九月縫製寒衣。冬月北風呼叫，臘月寒氣凜冽。缺少粗布衣服，怎麼過得去年？正月修理耒耜，二月下田耕作。女人帶著孩子，送飯送到南畝，農夫笑逐顏開。〕

七月流火，九月授衣。春日載陽，有鳴倉庚。女執懿筐，遵彼微行，爰求柔桑。春日遲遲，采蘩祁祁。女心傷悲，殆及公子同歸。

〔七月大火西沉，九月縫製寒衣。春日陽光明媚，黃鶯鳴囀歡唱。婦女手提籮筐，絡繹行走路上，為求柔軟嫩桑。春日遲遲好眠，採蘩忙碌異常。姑娘心裡悲傷，唯恐公子強搶。〕

南宋・馬和之〈豳風七月圖〉，共八幅，此為第一幅，繪〈七月〉第一章，題詞「三之日于耜，四之日舉趾。同我婦子，饁彼南畝，田畯至喜」。美國弗利爾美術館藏。

　　七月流火，八月萑葦。蠶月條桑，取彼斧斨。以伐遠揚，猗彼女桑。七月鳴鵙，八月載績。載玄載黃，我朱孔陽，為公子裳。

　　〔七月大火西沉，八月蘆葦繁茂。三月修剪桑條，拿起大小斧頭。砍掉過長枝條，摘下枝上嫩桑。七月伯勞鳴叫，八月續麻更忙。染出黑絲黃絲，朱紅更加漂亮，製作公子衣裳。〕

四月秀葽，五月鳴蜩，八月其穫，十月隕蘀。一之日于貉，取彼狐狸，為公子裘。二之日其同，載纘武功。言私其豵，獻豜于公。

〔四月遠志結子，五月知了鳴叫，八月收穫季節，十月樹木落葉。冬月獵得貉子，另外獵些狐狸，製作公子皮衣。臘月大夥齊聚，打獵兼習武藝。小獸留給自己，大獸獻給豳公。〕

五月斯螽動股，六月莎雞振羽。七月在野，八月在宇，九月在戶，十月蟋蟀入我床下。穹窒熏鼠，塞向墐戶。嗟我婦子，曰為改歲，入此室處。

〔五月螽斯彈腿，六月蟈蟈振翅。七月蛐蛐在外，八月藏在簷下，九月鳴叫門口，十月鑽到床底。堵住窟窿燻鼠，封住北向窗戶。叫聲老婆孩子，新年即將到來，且到屋裡休憩。〕

六月食鬱及薁，七月亨葵及菽。八月剝棗，十月獲稻。為此春酒，以介眉壽。七月食瓜，八月斷壺，九月叔苴。采荼薪樗，食我農夫。

〔六月李子葡萄，七月葵菜毛豆。八月樹上打棗，十月稻米釀造。製成甜美春酒，祝福老人長壽。七月採食甜瓜，八月摘取葫蘆，九月收穫麻子。採些苦菜烹煮，

聊供農夫餬口。〕

　　九月築場圃，十月納禾稼。黍稷重穋，禾麻菽麥。嗟我農夫，我稼既同，上入執宮功。晝爾于茅，宵爾索綯。亟其乘屋，其始播百穀。

　　〔九月填平場地，十月穀子進倉。早收晚收黍稷，還有芝麻豆麥。感嘆咱們農夫，莊稼才剛收起，又要宮裡當差。白天割得茅草，夜裡搓製繩索。趕緊修好屋頂，播種又要忙碌。〕

　　二之日鑿冰沖沖，三之日納于凌陰。四之日其蚤，獻羔祭韭。九月肅霜，十月滌場。朋酒斯饗，曰殺羔羊。躋彼公堂，稱彼兕觥，「萬壽無疆」！

　　〔臘月鑿冰沖沖，正月抬入窖藏。二月取冰祭祖，獻上新韭羔羊。九月寒霜降下，十月打掃穀場。奉上佳釀兩樽，殺翻一頭肥羊。登上豳公大堂，舉起牛角酒器，齊祝萬壽無疆。〕

（2016 年 7 月 10 日）

輯五

建築、器物類

羅馬角鬥場

羅馬角鬥場將兩個希臘式劇場對合在一起，形成一種橢圓形造型，這是建築上的繼承，也是創新。

有一則外國童話，大意是說：在古羅馬時代，一名奴隸逃到曠野，為一隻受傷的獅子拔除腳上的刺。後來這名奴隸被捕，送到羅馬角鬥場當角鬥士。一天，當他被迫和一隻獅子角鬥時，那隻獅子非但不咬他，還像隻小貓般，溫馴地趴在地上，原來這隻獅子正是他在曠野所遇到的那一隻啊！

這則獅子報恩的故事，已無法分辨是真是假，但故事中的角鬥場卻保存至今，成為羅馬市的象徵。我們一談起羅馬，那座圓形的大建築物就會不期然地映入眼簾。

古羅馬建築一方面繼承了希臘的傳統，一方面開創出自己的特色。希臘劇場呈半扇形，通常利用天然地形，在山坡上開鑿出層層階梯，作為觀眾坐席。起初羅馬各地的角鬥場也是這種形式，但羅馬角鬥場卻將兩個希臘式劇場對合在一起，形成一種橢圓形造型；這是繼承，也是創新。羅馬角鬥場的橢圓形設計是建築史上的重要里程碑，後世各種圓形劇

場或運動場無不直接或間接受其影響。

　　古羅馬建築的特色是什麼？簡單的說，就是宏偉和實用。羅馬角鬥場正是古羅馬建築的代表。羅馬角鬥場是一座橢圓形的表演場，其實用自不必說。至於宏偉，請先看它的基本數據：高 48 公尺，長徑 186 公尺，短徑 156 公尺。乍看之下，似乎沒有什麼；但要知道，足球場的長寬不過 110 公尺和 73 公尺。仔細想一想，就知道它是多麼高大宏偉了。

　　從外形上看，羅馬角鬥場明顯分為四層。一、二、三層上各有八十個拱門，第四層是實牆，都裝飾著希臘式柱飾。這種設計，使一座龐然大物顯得開朗而有節奏感。角鬥場內部，也明顯分為四層，都設有階梯式看台，共有五萬個座位。

羅馬角鬥場內部，Jean-Pol GRANDMONT 攝。（維基百科提供）

如果擠著坐，可以容納 87,000 人。觀看表演時，階級愈高的人坐在愈下層。

看台中央的表演場，長徑 84.47 公尺，短徑 54.86 公尺；場地上鋪設木板，上面再鋪一層沙，用來吸收血跡。表演場還可以灌滿水，用來模擬海戰；但至今我們還不知道水是怎麼灌進去的。

角鬥場的地下室，設有獸檻和角鬥士預備室。角鬥士主要來自戰俘、奴隸和罪犯，角鬥表演分為角鬥士和角鬥士、角鬥士和獸兩大類，有時也會穿插不帶血腥的馬戲表演。在基督教合法前，被捕的基督徒也被趕到在角鬥場上餵猛獸。

法國畫家 Jean-Léon Gérôme 作羅馬角鬥場角鬥場景。畫題 Pollice Verso，作於 1872 年。（英文版維基百科提供）

當時羅馬大約有一百萬市民，他們對角鬥表演的熱衷，簡直比我們對籃球、足球還要瘋狂。

根據角鬥士的裝束和所用的武器，大致分成輕裝和重裝兩類。重裝角鬥士頭戴盔甲，臂套護臂，手持盾牌和短劍；輕裝角鬥士不戴盔甲，手持彎刀、盾牌，或鋼叉、網兜。角鬥時，通常輕裝與重裝捉對廝殺。重裝者不容易傷到頭部和手部，但行動不如輕裝者靈活。

有一種蜘蛛，腳又細又長，會預先織一面網，用後腳托著；如果有獵物從牠身邊經過，就把網張開，投向獵物，逮個正著。這種蜘蛛的動作很像手持網兜的輕裝角鬥士，所以贏得角鬥士蜘蛛的稱號。

西元 80 年，羅馬角鬥場剛落成時，羅馬皇帝曾大事慶祝，宰殺了 5,000 隻牲畜，連續表演了一百天。羅馬人的角鬥熱大約持續到四世紀，西元 313 年解除基督教禁令，到了四世紀末更定基督教為國教。基督教反對角鬥，438 年羅馬皇帝頒布角鬥禁令，從此角鬥場逐漸沒落，甚至荒廢成一片廢墟。

中世紀時，角鬥場因地震而坍塌了一大部分，人們又大量取用角鬥場的石材，因而更加荒蕪。直到 1744 年，教皇下令保護，這座羅馬建築的代表作才得以保存下來。

（原刊《小大地》2001 年 12 月號）

美輪美奐的吳哥建築

吳哥遺蹟主要是十至十三世紀的建築，是印度文化在中南半島
發揚光大的傑作。作者以文學之筆，記下這世界七大建築奇景
之一的難以言喻的美。

東埔寨西北部有個大湖，叫做洞里薩湖，湖濱有個城市，
叫做暹粒，舉世聞名的吳哥遺蹟（俗稱吳哥窟），就
在暹粒。

　　吳哥遺蹟主要是十至十三世紀的建築。古時中國人把吳
哥王國稱做「真臘」。1296 年，元朝的周達觀曾經出使真臘，
寫成《真臘風土記》，記下吳哥王國的盛況。

　　然而，從十四世紀起，由於暹羅（泰國）入侵、瘟疫和
王室鬩牆，國勢一衰再衰。1431 年，暹羅攻入吳哥城，大事
劫掠而去。第二年，不知什麼原因，柬埔寨人竟然自動棄城，
從此吳哥城及其附近的所有建築，全都淹沒在熱帶森林中，
連柬埔寨人都不知道有這座古城了。

　　吳哥遺蹟在森林中沉睡了四百三十多年，直到 1861 年
元月，才被法國博物學家穆奧（Henri Mouhot, 1826-1861）

於狩獵時無意中發現。當時遺蹟上長滿了草木蔓藤，若非近看，根本就不知道那是建築物。

古希臘人曾經選出七項偉大建築，稱為「七奇」。如今除了埃及的金字塔，其他「六奇」都不存在了，於是人們開始挑選新的「七奇」。柬埔寨的吳哥寺，成為新的世界「七奇」之一。

穆奧無意中發現吳哥遺蹟時，法國已入侵柬埔寨，

穆奧畫像。穆奧發現吳哥遺蹟後，同年 11 月過世。其弟整理其日記，而 *Voyage au Cambodge:l'architecture Khmer*（1880）。（維基百科提供）

後來柬埔寨成為法國的殖民地，法國人開始清查，總共發現六十多處遺蹟，絕大多數都是寺廟。吳哥王國的一般建築是木造的，遺留下來的六十多處都是石造建築，有些保存得相當完好，和七百多年前周達觀看到的一模一樣。

西紀元前後，印度商人就來到中南半島，他們帶來了印度文化和宗教——主要是印度教，其次是佛教。吳哥建築就是印度文化在中南半島發揚光大的傑作。

印度式寺廟呈方形或長方形，一層層往上收縮，最上層建有高塔。建築物上佈滿浮雕，內容以圖案和神像為主。強

調外部裝飾，是印度式建築的特色之一。印度教寺廟外觀高大華美，但廳堂、過道卻十分狹小，只有祭司能出入，不是一般信徒膜拜之地。廟內狹隘窄小，反而襯托出宗教的神秘感。

　　吳哥城呈四方形，周長約 12 公里，城外圍繞著寬約 100 公尺的護城河。通往城門的石橋，橋欄兩側各有二十七尊神像，雙手握著龍身，身體後傾，狀似拔河，造型出自印度創世神話「翻攪乳海」。據說乳海之下藏有不死甘露，引起眾神和阿修羅（惡魔）爭奪，但都沒得到。大神毘濕奴想出一個辦法，命龍王以身體作繩索，纏住曼陀羅山作杵，阿修羅持蛇頭，眾神持蛇尾，合力攪動，以取得甘露。攪動所產生的泡沫，就變成日月星辰……。

巴戎寺四面觀音像。（作者攝）

吳哥城門頂上，都刻著巨大的四面神像。城內存留的建築，以巴戎寺最為有名。巴戎寺位於吳哥城正中，由一座高聳的主塔，和五十餘座（現存三十七座）拱衛著它的側塔構成，遠看不像一座人造的建築，而像一座小山！

　　這座吳哥王國的國廟，分為三層。一般印度式建築，大多由二至四座側塔圍繞著一座主塔，對稱而工整；巴戎寺的側塔參差錯落，無疑是一大創新。

　　這些側塔用巨石疊成，每座都雕成四面觀音，據說是照著國王闍耶跋摩七世（1181-1220 在位）的容貌雕成的。吳哥國王大多信奉印度教，闍耶跋摩七世是少數信奉佛教的國王。那些四面觀音無不透露著迷人的笑意，人稱「高棉的微笑」（高棉是柬埔寨的舊稱），是吳哥文明的象徵之一。

　　較巴戎寺更為有名的建築，就是城南約一公里的吳哥寺。柬埔寨人相傳，吳哥寺由建築之神所造，並非出自人類之手。這座美麗的神殿，由蘇利耶跋摩二世（1113-1150 在位）所建，原供奉印度教三大神之一的毘濕奴，後來成為蘇利耶跋摩二世的陵墓。

　　吳哥寺周長 5.6 公里，圍繞著寬約 200 公尺的護城河，宛如一座小城。吳哥寺就位於「小城」的正中央。吳哥建築特別擅長用「水」。吳哥寺面積約 200 公頃，護城河就占去 82 公頃，可見「水」在整座建築物中所佔的份量。

　　吳哥寺幹嘛要那麼寬的護城河？這種設計，除了美感，

也增加了深邃感。當目光越過護城河，入目的是蜿蜒的城牆，和鬱鬱蒼蒼的林木，吳哥寺仍神秘地躲在視覺之外。

　　吳哥寺呈長方形，面積約 9 公頃，分為三層，一層層往上收縮。寺廟正面，兩旁各有一座小湖般的水池，波光塔影，將吳哥寺襯托得格外靈秀。底層外廊的浮雕，長約 600 公尺，大多取材印度史詩《羅摩衍那》和《摩訶婆羅多》，是美術愛好者的聖地。

　　在印度文化圈，史詩《羅摩衍那》、《摩訶婆羅多》中的故事，就和我們的三國故事一般，可說無人不知。《羅摩衍那》敘述羅摩王子在猴神協助下，救回被魔王擄去的妻子。《摩訶婆羅多》敘述兩大家族間的戰爭。在印度和東南亞，

穆奧所繪吳哥寺。（維基百科提供）

兩大史詩是舞蹈、戲曲、文學、美術等的重要素材。

　　吳哥寺第二層，兩翼各建一塔；第三層兩翼與中央建有三塔，中央那一座最高。從正面看，吳哥寺矗立著五座塔，構成秀美的等邊三角形，美得無以名狀。妙的是，中央主塔和底層角樓連線，剛好切中兩座側塔的塔尖，這麼完美的設計，難怪被列為世界七大建築奇景之一了。

　　柬埔寨的國旗上下為藍色，中央紅色部分，畫著白色、鑲金邊的吳哥寺；因為構圖的關係，五座塔只畫出三座。吳哥寺是全世界唯一登上國旗的建築。

　　　　　　　　（原刊《中華日報》副刊，2006 年 8 月）

永恆面頰上的一滴淚珠──泰姬陵

正如世間最美的印度式建築不在印度（而在吳哥窟），世間最美的回教式建築也不在阿拉伯，而在北印度，它就是美得無以名狀的泰姬陵。

八世紀後，中亞一帶成為回教的勢力範圍。從西元 1001 年起，中亞的回教徒不斷入侵印度，1206 年更在北印度建立政權。其後印度成為回教王國和印度教王國共治的局面。

1398 年，信奉回教的成吉思汗後裔「跛子」帖木兒侵入印度，連續燒殺五個月，即使回教王國也不能倖免。至今印度小孩哭鬧時，父母還會嚇唬他：「帖木兒來了！」

1526 年，帖木兒的六世孫巴卑爾，打敗印、回聯軍，入主印度，在德里建立蒙兀兒王朝（蒙兀兒，意為蒙古）。第三代皇帝阿克拜大帝，遷都阿格拉，是印度史上最輝煌的時期之一。第五代皇帝沙賈汗（1592-1666，1628-1658 在位）和皇后蒙泰慈瑪哈兒（1592-1631）的愛情，成為傳頌千古的美談。

蒙泰慈瑪哈兒簡稱泰姬，波斯人，十九歲嫁給沙賈汗，婚後十九年間，生下十四個孩子（四子、三女長大成人）。她和沙賈汗如膠似漆，沙賈汗無論到哪，都帶著她。1630年，泰姬跟隨沙賈汗南征，途中生下最後一個女兒，不久便去世了，只活了三十九歲。

　　泰姬臨終時，沙賈汗悲痛地問她：「妳要是死了，要我怎樣表示對妳的愛呢？」泰姬說：「如果陛下還記得我，請

泰姬像，作於十七—十八世紀。（維基百科提供）

不要再娶，並為我建造一座可以傳世的陵墓吧！」沙賈汗含淚答應。

　　泰姬死後的第二年，沙賈汗根據她的遺言，動用兩萬名工匠，耗時二十二年，在雅木納河南岸河畔，用純白大理石建造了傳頌千古的泰姬陵。1983 年列入世界文化遺產，因為它「表達了一個國王對他親愛的妻子無與倫比和刻骨銘心的紀念」。

　　參觀泰姬陵，汽車只能到達距離陵園約一公里處的停車場，在此換乘馬車，以免造成汙染。一陣的答聲，馬車來到前庭，遊客在此接受安全檢查，近年來恐怖攻擊頻傳，安檢愈來愈嚴格。陵內不許繪圖，以免佇立不動，阻擋他人視線，為此連我的筆記簿也被暫時沒收了。

　　泰姬陵呈長方形，占地約 17 公頃，由前庭、大門、花園、正殿以及兩座清真寺構成，是回教建築和印度建築融合的傑作。一踏進大門，泰姬陵和映在水中的倒影赫然出現眼前，它美得恰到好處，一分也不能加減，印度詩人泰戈爾曾以感性的口吻說，泰姬陵是「永恆面頰上的一滴淚珠」。

　　泰姬陵的大門和正殿遙遙相對，中間是座波斯式花園、水池、地磚和草坪，形成規整的幾何圖形。大門以紅砂岩砌成，高約 30 公尺，頂部有一排白色大理石小圓頂。正殿建在方形台基上，用純白大理石砌成，中央的大圓頂高約 62 公尺。平台四角各有一座圓柱形高塔，高約 41 公尺，都向

從大門進入陵園後望向泰姬
陵。（作者攝）

從沙賈汗遭其三子幽禁的
塔樓，望向雅木納河對岸的
泰姬陵。（作者攝）

外傾斜約十二度,視覺上顯得舒展開朗;如果倒塌,也不致壓到主體建築。陵園兩側各有一座清真寺,為主體建築取得紅花綠葉的效果。

參觀正殿,必須赤腳,或穿上鞋套,以免踩傷地磚。愈走近正殿,愈能感覺它的質感與量感。門洞高大寬敞,刻著精細的浮雕,或裝飾著用寶石鑲嵌的幾何圖形和花草紋,精緻得無以復加。回教禁止偶像崇拜,紋飾絕對不會出現人和動物。進入正殿,裝飾更為繁複、精細,使用的寶石更好、更多,八角形鏤空石雕欄杆內,安放著兩座石棺,這是兩座衣冠塚,正下方的地宮才是泰姬和沙賈汗的埋骨之處。

泰姬死後,沙賈汗果然沒再續娶,全心全意地為愛妻建造陵墓。泰姬陵從選址到動工,沒有一處不煞費苦心。以選址來說,雅木納河流經阿格拉時來個大轉彎,皇宮位於大轉彎的西岸,泰姬陵選在大轉彎的南岸,兩者相距約一點五公里,從皇宮望向泰姬陵,中間是寬闊的河面,不會有任何阻擋。

泰姬陵 1631 年始建,1653 年落成,此後沙賈汗每七天去獻一次花,經常淚流滿面。皇宮和泰姬陵近在咫尺,遙望愛妻的陵墓成為他最大的慰藉。他計劃在泰姬陵對岸用黑大理石為自己建造一座一模一樣的陵墓,不料還沒動工就發生巨變。

沙賈汗因思念亡妻而荒疏國事,四個兒子爭奪皇位愈演

愈烈，1658 年，三子奧蘭齊白趁著他病重發動政變，殺了大哥，趕走二哥，監禁弟弟，沙賈汗也遭到幽禁。從此只能從狹小的窗戶遙望愛妻的陵墓，這樣過了八年，才傷痛地合上眼睛。

阿格拉的皇宮（現稱阿格拉堡）是阿克拜大帝建造的，耗時八年，1573 年建成，和泰姬陵同時列為世界文化遺產。阿克拜喜歡紅砂岩，整座城堡都用赭紅色的砂岩建造，所以又稱「紅宮」。這座面積一點五平方公里的城堡，宮牆高達 20 公尺，兼具宮殿和城堡的功能。城內建築雖年久失修，但仍可看出昔日富麗堂皇的風貌。

參觀阿格拉堡，人們最感興趣的，仍是與沙賈汗及泰姬有關的塔樓。據說沙賈汗王被幽禁在這座古堡時，經常默默地坐在樓中，懷著無限的思念望著泰姬陵，似在傾訴他的孤寂和哀傷。

（原刊《小達文西》2007 年 4 月號）

墨菲與傳統建築復興

民國初年，一些教會大學建起具有中國風格的校舍；在建築界，稱呼這類建築為「傳統復興」；美國建築師墨菲是傳統復興的關鍵人物。

中西建築有哪些差異？簡單的說，中國傳統建築是木構的，以眾多柱子支撐，不可能建得太高、太大，室內也不可能有廣闊的空間。西方建築以石材（近代改用鋼筋水泥）建成，以外牆支撐，可以建得很高、很大，室內也可以有廣闊的空間。作為公共建築，中國傳統建築的確不如西式建築。

義和團之亂，國人從自大轉為自卑，從此唯洋是尚，連新建的官署都是西式的。進入民國，特別是五四之後，北大等學府成為西化的急先鋒，不用說，這些公立大學的建築也都是西式的。

然而，在西化的大潮下，一些教會大學卻建起具有中國風格的校舍。在建築界，稱呼這類建築為「傳統復興」。美國建築師墨菲（Henry Murphy，1877-1954）是傳統復興的關

鍵人物。他很喜歡中國傳統建築，所設計的建築外形是中式的，大多有個大屋頂，可說是穿戴中式衣帽的西式建築。

八國聯軍之後，清廷廢科舉，設學堂，若干教會意識到，這是在華開展教育事業的好時機。進入民國，大學的需求量增加，教會又積極籌建大學。有過規劃大學校園經驗的墨菲，於 1914 年來到中國。此後的十幾年，先後完成長沙雅禮大學、北京清華學堂、上海復旦大學、福建協和大學、南京金陵女子大學、北京燕京大學、國立北平圖書館等的整體規劃和建築設計。國民政府成立後，又應聘擔任「首都建設委員會」建築顧問，制定《首都計劃》，宗旨是「發揚光大固有之民族文化」，為南京留下一大批傳統復興式建築。

墨菲規劃、設計的金陵女子大學校園鳥瞰圖，作於1921年。（維基百科提供）

傳統復興式建築也傳到台灣，較具代表性的，有楊卓成設計的圓山大飯店和中正紀念堂及兩廳院，王大閎設計的國父紀念館。前兩者可說是用鋼筋水泥建的北方式宮殿，後者和墨菲同一脈絡。

　　就我個人所經眼的傳統復興式建築，最最中意的仍是南京中山陵。1925 年 3 月 12 日孫中山先生在北京逝世，孫先生生前說過，希望死後葬在南京紫金山。北京政府依照孫先生的遺願，成立中山陵籌建委員會，公開徵求設計圖樣，結果由青年建築師呂彥直（1894-1929）榮獲第一名。呂彥直擔任過墨菲的助手，算是墨菲的學生。

登上中山陵祭堂，向下望，前為碑亭，陵門、牌坊等被碑亭遮住。陵前鬱鬱蒼蒼，周遭環境未遭人為破壞。（作者攝）

中山陵籌建委員會不但採用了呂彥直的設計，還聘他擔任總建築師。1926 年元月開始營建，1929 年春落成，可惜呂先生積勞成疾，還沒來得及參加安葬大典就病逝了。

中山陵位於紫金山南麓，建築群由廣場、牌坊、墓道、陵門、碑亭、祭堂和墓室構成。單一建築都不大，但合在一起卻雄偉無比。從牌坊起，一層層上升。陵門到墓室，平面布局就像一口鐘，這是引用《論語》的話：「天將以夫子為木鐸」，用來象徵中山先生的導師地位。

約二十年前，已故雕塑家兼造園家周義雄教授從南京歸來，他以感性的語調對我說：「一個藝術家一生只要有一件作品就夠了！呂彥直只活了三十五歲，他是為了中山陵來到世上的。」

（2016 年 7 月 27 日）

從古畫中找水磨

李約瑟在其《中國之科學與文明》上說，王禎《農書》的水磨版畫，是傳世最早的水磨圖，其實五代和北宋的繪畫中就有，顯示李約瑟忽視了繪畫史料。

繪畫是一種重要的史料，對科技史來說尤其如此。在《中國之科學與文明》〈機械工程學〉卷下，李約瑟說，王禎《農書》（1313）是首次「以傳統繪像方式描述水磨者」。書中另附一幅無款元人畫作〈山溪水磨圖〉。我不禁自問，李約瑟為什麼沒提到五代（或北宋）佚名畫家的〈閘口盤車圖〉？和作於金大定七年（1167）的巖山寺壁畫中的水磨圖？

為了替李約瑟作點補充，不禁興起從古畫中找水磨的奇想。多翻翻，多看看，說不定會有意想不到的發現呢！1996年9月30日，我翻閱了手邊的畫冊，又跑了一趟誠品書店，前後大約三小時，就找到了四幅！那天，我真正感受到了「發現」的喜悅。

筆者的「發現」，是從北宋天才畫家王希孟的〈千里江山圖〉開始。這是一幅長卷，作於宋徽宗政和三年（1113），

當時王希孟只有十八歲。因為長卷太長，所以一般畫冊都印成細長條，細部很不容易看清，但北京故宮博物院的《故宮博物院藏畫集》卻將整幅長卷放大，在其中後段，我發現了一個立式水輪，再仔細一看，不錯，正是一座水磨！

筆者在〈千里江山圖〉中的「發現」，使我意會到，在山水畫中也可以找到水磨，於是將目光集中在山水畫的建築物上，經過一番蒐尋，在《故宮書畫圖錄》卷一，發現北宋大畫家郭熙的〈關山春雪圖〉（1072）中有一座立式水輪的水磨；在同書卷三，宋人〈雪棧牛車圖〉中，有一座臥式水輪的水磨；另在《兩宋名畫精華》（何恭上編著，藝術圖書公司，1996）的宋人〈雪麓早行圖〉中，也有一座臥式水輪的水磨。這四幅山水畫連同前面的三幅，筆者一共找到七幅有關水磨的繪畫。如果繼續找，一定可以找到更多。

分析一下這七幅繪畫的年代：五代一幅，宋四幅，金一幅，元一幅。筆者曾刻意想從元、明、清三朝的繪畫中找到水磨，結果一無所獲。是宋代以後水磨減少了嗎？當然不是，直到本世紀中葉，水磨還在大量使用呢！

宋朝以後的繪畫不再出現水磨，這是個美術史的問題，而不是科學史問題。從元朝起，業餘的文人畫家取代了職業畫家，成為畫壇主流。文人畫重視一己心靈感受，不重視所描繪客觀對象是否形似。在取材上，文人畫崇尚清雅，避諱世俗，像水磨般的市井俗物當然上不了文人畫的紙絹。

五代（或北宋）人畫〈閘口盤車圖〉局部，上海博物館藏。繪一官營磨坊，機械結構繪製精準，可據以復原。

　　美國中國美術史學家高居翰（James Cahill）在其著作中多次談到宋元之際畫風的轉變，在《氣勢撼人——十七世紀中國繪畫中的自然與風格》（王嘉驥等譯，石頭出版公司，1994）一書中，高居翰說：「馬克・艾爾文（Mark Elvin）的研究告訴我們，中國的科技在十世紀至十四世紀之間達到高峰，其後隨著中國人由客觀性地研究物質世界，轉向以主觀經驗與直觀知識的陶養，科技的進展至此便完全失去了動力，而此一重大轉變，正好頗具深意地對應著發生於宋元之際的繪畫上的改革。」這段宏論，使得美術史和科學史得到交集。

（摘自〈為李約瑟補充一點點——古畫中的水磨〉，原刊《科學月刊》1996 年 11 月號）

輓馬法和馬鐙

把繩子綁在馬身上的方法稱為輓馬法，實用的輓馬法和馬鐙，
都是魏晉時中國人發明的，這兩項發明影響深遠。

馬兒用來乘騎並不難，只要膽子夠大，懂得馬術，就可以騎在馬背上馳騁。但用來拉車就不那麼簡單，人類大約經歷了三千五百年，才把拉車的問題徹底解決。

馬的體型不像牛，不能用牛的方式拉車。牛的背部隆起，像天造地設似的，剛好可以套上用彎木頭做成的「軛」，用來拉車十分方便。馬就不行了。馬兒的背部是平的，用來拉車，只能把繩子綁在馬身上。但要怎麼綁呢？這裡面的學問可大了。

把繩子綁在馬身上的方法，稱為「輓馬法」。最初的輓馬法，可能把繩子直接套在馬的胸部。這種方法雖然方便，但馬兒跑起來繩子會上下移動，很容易勒住喉嚨。於是人們加以改進，在胸部和腹部各套一條寬帶子，胸帶和腹帶在馬背上交會，輓馬的繩子就綁在交會點上。胸帶被腹帶牽扯著，不容易滑到頸部。這就是第一種可以使用的輓馬法——

三種輓馬法
示意圖，由
上而下：胸
輓法、胸肩
法、護肩法。
（高玉芳繪）

胸輓法。

　　不論中西，最初使用的輓馬法都是胸輓法。這種輓馬法雖然不會勒住馬兒的喉嚨，但因力學的關係，效率不高。古埃及、古西亞、古希臘或古羅馬的馬車，車子都很小，通常只坐兩個人，卻要用兩匹馬或四匹馬來拉。中國春秋時的戰車，一律用四匹馬來拉，也只能坐三個人。這時的馬車看起來威風凜凜，其實效率都很低，根本就跑不遠。

　　胸輓法大約使用了兩千年，人們才發明了胸肩法。新的輓馬法將胸帶降低，肩帶和胸帶在馬腹的兩側交會，輓馬的繩子和胸帶連在一起，這樣就可以降低馬兒胸部受到壓迫，使效率略有提高。在中國，大約到了西漢，舊有的胸輓法就被這種新的輓馬法取代了。

　　到了魏晉南北朝，中國人又發明了一種高效率的輓馬法，使馬兒的力量提高五倍！過去要用五匹馬拉的車子，現在只要一匹就夠了。新的輓馬法稱為護肩法，只在馬的肩部套上一條寬軟的護肩，輓馬的繩子直接綁在護肩兩側。馬兒拉車的時候，不論怎麼出力氣，都不會壓迫到胸部。

　　這種理想的輓馬法於十世紀傳到歐洲，對交通、運輸發生了深遠的影響。從此歐洲有了長程馬車，人與人的距離拉近了，國與國間的互動增加了，貨物可以運到遠地出售，一些貨物集散地因而發展成城市。有些學者甚至認為，中國人發明的輓馬法，是促成歐洲興起的原因之一。

除了有效率的輓馬法，馬鐙也是中國人發明的。沒有馬鐙，騎士雙腳懸空，不容易使力，若非騎術特別精湛，很難騰出手來做其他的事。有了馬鐙就不一樣了，人和馬的力量結合在一起，無論馬跑得多快，在馬上掄槍舞劍，或是挽弓射箭，都變得容易得多。

　　那麼馬鐙是什麼時候發明的？這個問題至今尚無定論。秦始皇陵出土了許多騎士俑，各種馬具齊備，但沒有馬鐙。漢代的出土文物也沒發現馬鐙。目前出土最早的馬鐙，可考的年代為東晉永昌元年（322）或稍後。但也有人認為早在兩漢就有馬鐙，不過缺乏直接證據。

　　馬鐙發明後，很快就傳到朝鮮，在五世紀的朝鮮古墓壁畫中，已有了馬鐙的紀錄。至於馬鐙傳到西方，可能先傳到

巴約掛毯，作於1070 年，圖為其局部。顯示其時騎士皆腳踏馬鐙。（法文版維基百科提供）

突厥，大約八世紀輾轉傳到東羅馬，繼而傳播到整個歐洲。有了馬鐙，騎士的馬術可以盡情發揮，也可以穿著厚重的盔甲騎在馬上，為中世紀的騎士制度創立了條件。

英國著名中國科技史學者李約瑟博士評價馬鐙說：「關於馬鐙曾有過很多熱烈的討論，最近的分析研究，表明占優勢的是中國。直到八世紀初期，在西方（指東羅馬）纔出現馬鐙，但是它們在那裡的社會影響是非常特殊的。林恩‧懷特說：『只有極少的發明像腳鐙這樣簡單，但卻在歷史上產生了如此巨大的催化影響。』」李約瑟又說：「我們可以這樣說，就像中國的火藥幫助摧毀了歐洲封建制度一樣，中國的馬鐙卻幫助了歐洲封建制度的建立。」（原刊《經典》2004 年 2 月號）

弩，連弩和床弩

如果亞歷山大帝東征打到中國，將是個什麼結局？歷史不能假設，但可確定的是，他將遇到一種從沒見過的兵器——弩。而弩、連弩和床弩都是中國發明的。

亞歷山大大帝率軍東征，一路勢如破竹，西元前 326 年打到北印度，但印度天氣炎熱，官兵厭戰，不肯繼續前進，大帝只好班師。西元前 323 年，在歸途中死於巴比倫。

如果亞歷山大繼續東進，越過帕米爾高原就是新疆；再往前，過了河西走廊就會進入秦國的國境。這時中國正是戰國時期，秦國是「戰國七雄」之一。我們不免要問：如果亞歷山大和秦國的軍隊相遇，會是個什麼結局？

歷史上沒發生的事很難假設，但可以確定的是：亞歷山大會遇到一種他從沒見過的武器——弩，甚至由弩衍生出的連弩和床弩，肯定讓他吃足苦頭。

弩至遲出現於春秋，是一種有扳機的弓。到了戰國，已成為各國的常備武器，其中用腳張弓的「蹶張弩」，射程很遠，是一種威力強大的武器。連弩和床弩大概也始自戰國。

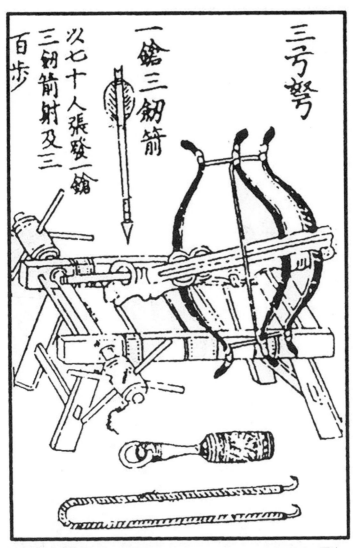

三弓弩

一鎗三剣箭

以七十人張發一鎗三剣箭射及三百步

北宋《武經總要》的三弓弩圖，由三張弓組成，用絞盤張弓，圖注：「一鎗三劍箭，以七十人張發一鎗三劍箭，射及三百步。」一鎗三劍箭，指以鐵片為翎，狀如標槍的箭。

連弩可裝填多支箭，具有手動「上膛」裝置，可減少發射時間。床弩裝在發射台或車輛上，由好幾張弓組成，用絞盤張弓，力量大得驚人，甚至可以射進城牆，供人攀附著登城。杜佑《通典》卷一四九：「今有絞車弩，中七百步，攻城拔壘用之。」

個人認為，中國發展出弩，再進一步發展出連弩、床弩，可能和對付北方游牧民族的騎兵有關。連弩可減少裝箭時間，有利於對付騎兵衝鋒；床弩可遠距離射殺敵軍馬匹、人員。根據《漢書·李陵傳》，李陵率五千步兵出擊匈奴，「因發連弩射單于，單于下走。」根據《武經總要》，宋朝有六種床弩，最遠的射程可達 1,500 公尺。1004 年的宋遼澶州之戰，遼將蕭撻凜便是被宋軍設在城牆上的床弩所射殺。

中國人發明的弩，大約十三世紀傳到歐洲，當時歐洲處於騎士時代，騎士從小學習騎馬和各種武術，以射箭來說，要經過長期練習，才能射得準。然而，弩比弓操作方便，命中率又高，不需怎麼練習就能上手。再說，弩張好弓後，可以靜待適當時機扣動扳機，最適合用來暗殺。當弩傳到歐洲的初期，有些騎士莫名其妙地被不會武藝的農民射死，貴族也害怕被人暗殺，於是教皇曾經一度下令禁止呢！

根據李約瑟的研究，在文藝復興之前，從西方傳到中國的科技發明只有四項，從中國傳到西方的卻有三十四項，弩

便是其中之一。中國喪失科技大國的地位，是從十六世紀開始的。

（原刊《地球公民》第 27 期，2007 年 10 月號，經增補而成此文）

機器人，robot

西元 1920 年，捷克劇作家恰佩克完成劇作 R.U.R，大意是說某公司製成一種機器人，稱為 robot，……這就是 robot（機器人）一詞的語源。

當今科幻影視流行，機器人成為男女老幼都感興趣的話題。日本發生福島核災時，報上刊出聳動的標題：「日本機器人不夠看，換美國機器人出動救災！」日本地震發生後，法國和美國都要派出救災機器人援助日本。日本有機器人王國之稱，為了臉面，婉拒了法國，但接受了美國老大哥的援助，於是報上出現 iRobot 公司的救災機器人的圖片，那是一台像挖土機的小型履帶式車輛，哪是什麼機器「人」啊！

一談起機器人，大家可能馬上就會想到漫畫中的哆啦A夢，或電影中的「機器戰警」、「變形金剛」，或其他各式各樣的機器人。機器人嘛，當然人模人樣嘍。其實英文 robot 這個字，並沒有「人」的意思，而且 robot 這個字出現得很晚，被借用來指稱「機器人」更晚。我們談機器人，必

一人即可背負的機器人
PackBot，由 iRobot 公
司研發，用於偵測地雷
等爆炸物。圖為海軍陸
戰隊爆炸物處理小組
成員及其裝備。此款機
器人投入伊拉克及阿
富汗戰場者超過兩千
台，更因進入福島核電
廠拍攝事故現場、偵測
幅射劑量而聞名天下。
（維基百科提供）

須弄清機器人的語源，否則將會愈談愈糊塗。

　　1920 年，捷克劇作家恰佩克（Karel Čapek，1890-1938）
寫了一個著名的劇本 R.U.R（Rossum's Universal Robots，洛
桑的萬能奴工）。robot，源自捷克語 robota，意為工作；轉
成英語，成為 robot。此劇大意是：洛桑公司製成一種機器人，
稱為 robot，它們只知埋頭工作，沒有思維能力，堪稱最理
想的奴工，洛桑公司因這項產品而生意興隆。後來 robot 有
了思維，它們不堪人類役使，向人類發動攻擊，最後徹底毀
滅了人類。

　　R.U.R 聞名遐邇，robot 一詞不脛而走，科幻小說家襲用

1939 年恰佩克劇作 R.U.R
在紐約演出時的海報。
robot 一詞即出自 R.U.R。
（維基百科提供）

robot，當代科幻大師艾西莫夫（1920-1992）的短篇小說集
《我，機器人》（I, Robot, 1950）即為一例。1950 年代機器
人科技興起，科學家借用 robot 一詞，遂成為一個全新的詞
彙。劇作家恰佩克筆下的 robot，的確具有「人」的意思，
但直到今天，實用的 robot 幾乎都不具備人形。

　　機器人科技和電腦的發展密不可分。1946 年第一台電腦
問世，此後朝向速度快、容量大、體積小的方向發展。電腦
科技促成「自動化」，1952 年，數控機床誕生，為機器人的
開發奠定了基礎。

　　另一方面，原子能實驗室處理放射性物質，需要機械代

替人力。1947 年，美國原子能委員會阿爾貢研究所開發出遙控機械手，可視為機器人科技的先驅之一。

1954 年，美國的德沃爾（George Devol, 1912~2011）提出工業機器人的概念，並申請專利，他主張借助伺服技術，控制機器人的關節，現有的機器人，幾乎都採用這種控制方式，德沃爾因有機器人之父的稱號。這時美國的研究生英格伯格（Jeseph F. Engelberger）專攻伺服技術，也在研究機器人，他和德沃爾都認為汽車工業使用重型機器工作，生產過程較為固定，裝配過程最適合使用機器人。

1959 年，德沃爾和英格伯格製成第一台工業機器人，機器人的歷史才真正開始。1961 年，兩人成立產製機器人的 Unimation 公司，翌年生產出第一台工業機器人 Unimate 001。1962 年，美國 AMF 公司推出 Verstran。這兩款機器人的控制方式與數控機床大致相似，但外形類似人類的手臂，與數控機床迥異。這類機器人至今仍為實用性機器人的主流。

1967 年，日本成立「人工手研究會」（現改名為仿生機構研究會），同年召開日本首屆機器人學術研討會。到了 1980 年，工業機器人開始在日本使用，所以日本人稱該年為「機器人元年」。隨後，工業機器人在日本發展迅速，因而贏得「機器人王國」的美稱。

當今機器人的重鎮仍為美國和日本。美國較不熱衷研發

人形機器人，日本卻樂此不疲。1967 年，日本召開第一屆機器人學術會議，早稻田大學的加藤一郎提出人形機器人三條件：具有腦、手、腳等三要素；具有非接觸感測器（用眼、耳接受遠方資訊）和接觸感測器；具有平衡覺和固有覺的感測器。1973 年，加藤一郎克服重重難關，率先研製成用雙腿走路的機器人，因此人稱「人形機器人之父」。

2000 年，日本本田公司發展出人形機器人 Asimo，已經可以同時與多人進行對話。步行途中，遇到其他人時會預測對方行進方向及速度，自行調整行進路線，以免與對方相撞。它的手部可以扭開瓶蓋、握住紙杯、倒水，手指動作細膩，甚至可以邊說話邊以手語表現說話內容。

Asimo 外形像太空人，不像真人。日本更熱衷發展仿真人形機器人，頭頸、臉面、手部、腿部等外露的部位，看起來幾可亂真。為了廣事招徠，仿真人形機器人通常製成美少女。日本的仿真機器人，最具代表性的有 Actroid 和 HRP-4C。Actroid 由 actor 和 android 兩個英文字合成，由大阪大學和株式會社ココロ合作開發，2003 年東京國際機器人展首次亮相，外形酷似美少女，能做出眨眼、說話、呼吸等動作。其後陸續推出多種型號，2011 年的 Actroid-F，臉部能做出六十五種表情，栩栩如生。

HRP-4C 暱稱 Miim，由產業技術總合研究所（AIST）開發，2009 年首次亮相，翌年在東京數位內容博覽會上出

Asimo 2011 年型,在本田青山
迎賓大廳演示跳舞,Momotarou
2012 攝。(日文版維基百科提
供)

2006 年推出的 Actroid-Repli&eeQ2,
Brad Beattie 攝。(英文版維基百
科提供)

盡風頭。Miim 身高 158 公分，體重 43 公斤（含電池），取自日本少女的平均值。Miim 裝有三十具馬達，用於行走等活動；另有八具，用於臉部表情。Miim 還能藉語音辨識軟體與人對話，能藉語音合成唱歌。2011 年，推出升級版的 Actroid-F，有男有女，行走能力更進一步，已更像真人。

近年來中國大陸大力發展機器人工業，頗有後來居上的趨勢，以仿真機器人來說，2016 年中國科學技術大學推出美少女機器人「佳佳」，表情及語言能力雖不如 Actroid 和 HRP-4C，卻以美貌取勝，被譽為機器人中的女神。

（摘自〈與您談機器人〉而略加損益，原刊《白話科學——原來科學可以這樣談》，2015 年 2 月出版）

雷文霍克的顯微鏡

雷文霍克以自製的單式顯微鏡發現細菌等微生物，英國皇家學
會不但不相信，還加以譏諷。雷文霍克顯微鏡怎麼那麼厲害，
直到 1950 年才被人破解。

由曲率較大的凸透鏡所製成的高倍放大鏡，稱為單式顯微鏡。至於由一片凸透鏡和一片凹透鏡所組成的複式顯微鏡，約到 1595 年才出現，一般的說法是由荷蘭眼鏡製造商詹森（Zacharias Janssen，1580-1638）發明的。

　　複式顯微鏡發明後，起初並未商品化，主要由觀察者自製。當時複式顯微鏡的解析度往往不佳，單式顯微鏡仍在使用。有「微生物學之父」稱號的雷文霍克（Antoni van Leeuwenhoek，1632-1723），使用的就是單式顯微鏡！

　　雷文霍克生於荷蘭台夫特（Delft），出身貧寒，六歲喪父，三年後母親改嫁，被送進寄宿學校。十六歲時繼父去世，其母命其學習經商，在阿姆斯特丹跟隨一位蘇格蘭布商當學徒。1653 年，首次使用放大三倍的放大鏡檢查布料，從此和放大鏡結下不解之緣。

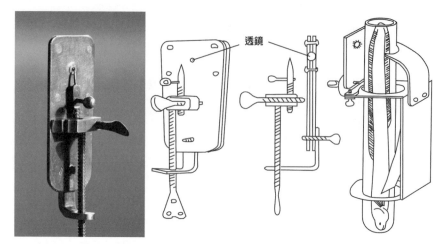

透鏡

左：雷文霍克顯微鏡複製品，觀察物置於透鏡前之針尖上，從對面湊近眼睛觀察。（維基百科提供）右：雷文霍克顯微鏡之正面、側面示意圖。雷氏常因特殊需要，設計特殊顯微鏡，右方為用來觀察鰻魚魚鰭的顯微鏡，將鰻魚倒插於試管中。（彭範先繪）

　　1654年，雷文霍克返回台夫特，經營窗簾生意。1660年，受聘為台夫特某貴族管家，逐漸脫離經商。從 1676 年起，擔任基層公務員，多屬閒差，有較多時間從事業餘活動。

　　雷文霍克自製單式顯微鏡四百餘台，用來觀察動物、植物、礦物、不同來源的水、牙垢、唾液、精液等。他手巧心靈，往往根據觀察需要，設計不同的顯微鏡。他的好友解剖學家格拉夫（Regnier de Graaf）把他的工作引介給英國皇家學會，這才受到重視。1673 年，英國皇家學會在其期刊《*The Philosophical Transactions*》上為雷氏發表早期研究成果，即有關蜜蜂的口器及螫針的顯微觀察。

這篇文章刊出後，雷文霍克開始和英國皇家學會通信，至 1723 年寫了一百九十封，現存皇家學會圖書館。1674 年，雷文霍克在雨水中發現了原生動物和單細胞藻類，1676 年又從人類口腔中發現了細菌。他把自己的發現寄給英國皇家學會，對方希望看看他的顯微鏡，被他拒絕。同年 10 月 20 日，英國皇家學會秘書 Hendrik Oldenburg 寄來一封刻薄、揶揄、譏諷的回信：

> 您 1676 年 10 月 10 日的信收到了，您說您利用所謂的「顯微鏡」，看到在雨水中游泳的眾多小動物，讓與會者忍俊不住。您的小說似的描述，不禁讓一位與會者認為您出自想像。另一位與會者拿起一杯水，大聲地說：「看啊，雷文霍克的非洲！」至於我個人，對您的觀察和使用的工具暫不作判斷，但會員們表決時，我不得不遺憾地告訴您，全場響起咯咯咯的笑聲，決議不在本會期刊上刊登。不過大家都希望您的「小動物」健康、多產，由牠們聰敏的「發現者」好好地畜養著。

可見皇家學會瞧不起他的單式顯微鏡，更不相信他的發現。雷文霍克堅持自己的發現，英國皇家學會派出專家及律師前往台夫特，另請台夫特的教會人士作證。雷文霍克當場演示，去除了大家的疑慮，翌年（1677）皇家學會正式承認他的發現。三年後，也就是 1680 年 2 月，獲選為皇家學會

英國皇家學會圖書
館藏有雷文霍克書
信 190 封， 圖 為
1677 年 5 月 14 日的
一封。（英文版維
基百科提供）

會員。

　　雷文霍克使用單式顯微鏡竟能看到細菌，他是怎麼辦到
的？ 1981 年，英國業餘生物學家 Brian J. Ford 在皇家學會的
庫房中發現九台雷氏所贈送的顯微鏡，倍數甚高，且使用簡
便，有助於我們了解雷氏的研究工作。這九台顯微鏡，倍數

最高的可放大 275 倍。雷氏自己保有的可能倍數更高。

　　雷文霍克生前對於其顯微鏡的透鏡製作技術秘而不宣，也絕不傳授他人。直到 1950 年代，有關技術才被人破解，原來雷氏的透鏡不是研磨而成，而是用細玻璃棒燒製而成的。

（2016 年 7 月 26 日）

輯六

其他類

華生，沃森，屈臣氏

英文姓氏 Watson，有三個中文譯名。林紓以閩語將 Watson 譯為華生。大陸將發現 DNA 分子的 Watson 譯為沃森。屈臣是 Watson 的粵語音譯。

本刊編委，現旅居美國的潘震澤來函指出，北師大李建會教授大作〈生命密碼的破譯〉（刊五月號）有些譯名「頗為奇怪」。李教授回函：「大陸和台灣可能有習慣上的不同，比如 Watson，台灣譯為華生，大陸譯為沃森。到底是台灣譯的好還是大陸譯的好，這可能與習慣有關係。習慣成自然。」

其實，華生並非台灣譯的，禮失而求諸野，台灣保存了許多「舊中國」的事物。

首先將 Watson 譯為華生的，是著名翻譯家林紓（琴南，1852-1924）。光緒二十五年（1899），福州素隱書屋將林譯《華生包探案》（*The Memoirs of Sherlock Holmes*）和《巴黎茶花女遺事》合刊出版。林紓是福州人，他以閩語發音，將 Watson 譯為華生，將 Holmes 譯為福爾摩斯；這兩個譯名

《福爾摩斯探案》之
一，1983 年 出 版 的
〈希臘語譯員〉的插
畫。右為福爾摩斯，
左為華生醫師。（維
基百科提供）

不脛而走，不旋踵即成為定譯。

　　大陸將 Watson 譯為沃森，準則準矣，卻有失傳承。筆
者認為，譯名一旦約定俗成，就沒有更改的必要，台灣沒
經過「破四舊」，許多譯名都維持舊譯。事實上，早在光
緒七年（1881），張仲德即譯出《歇洛克呵爾唔斯筆記》，
刊登在上海《時務報》。張氏以吳語將 Holmes 譯為呵爾唔
斯，Watson 譯為滑震，只因影響不大，這兩個譯名未能流
傳下來。

　　Watson 這個姓氏還有個更早的譯名，那就是「屈臣」。
道光八年（1828），有位叫 A. S. Watson 的英國人，在廣

州開了家藥房；香港割讓後，藥房遷到香港，使用 Watson & Co. A. S. 註冊，並中譯為「屈臣氏大藥房」（粵語屈音 wa），這就是屈臣氏一名的由來。

光緒十三年（1887），屈臣氏移師上海，到了二十世紀初，已發展成遠東最大的藥妝店。1949 年後，外國公司被逐出大陸，屈臣氏仍在港、台等地發展。1980 年代末重返大陸，各大城市又可看到 Watsons 的醒目招牌。

（原刊《科學月刊》2003 年 6 月號）

歷史之謎，能解得開嗎？

史學家對歷史之謎，就像數學家對數學難題一樣著迷。所不同的是：數學難題終究有個答案——即便證明無解，也是答案；歷史之謎大多沒有標準答案。

史學家對歷史之謎，就像數學家對數學難題一樣著迷。所不同的是：數學難題終究有個答案——即便證明無解，也是答案；歷史之謎大多沒有標準答案。讓我們各用兩個例子說明。

數學上，最有名的難題就是「幾何三大難題」。西元前五世紀，古希臘詭辯學派提出三道幾何作圖題，規定在只能使用直尺和圓規的條件下：將任意角三等分（三等分角）；作一正方形，使其面積等於圓的面積（化圓為方）；作一立方體，使其體積等於立方體體積的二倍（倍立方體）。

為了解決這三道作圖題，歷代數學家不知付出多少心血，十九世紀以前，西方各國的科研機構經常收到「解決」三大難題的來信。為免糾纏，1775 年巴黎科學院通過一項決議：不再審查三大難題的論文。可是，三大難題仍然吸引著

許多人繼續鑽研。解析幾何的創立後，為尺規作圖提供了判定準則。1837年，凡其爾證明三等分角和倍立方體不能成立；1882年，林德曼證明化圓為方不能成立。三大難題因證明不能成立而得到解決。

四色問題是另一個例子。1852年，倫敦大學畢業的格思里到一家科研單位從事地圖著色工作，他發現了一種有趣的現象：只用四個顏色，各鄰國就可以著上不同的顏色。這個現象能不能用數學證明？他和弟弟決心一試，但一直沒有進展。他們請教一位著名數學家，四色問題逐漸引起數學界注意。1872年，英國數學家凱利向倫敦數學學會提出這個問題，引起全世界數學界關注，成為著名的數學難題之一。

數學家解決四色問題的基本思路是：讓鄰國的數目增多，看看四種顏色還夠不夠？如果鄰國數無限增加，四色仍足以應付，就表示問題得到解決了。電腦問世後，演算速度提高，加快了四色問題的進程。1970年代，美國伊利諾大學的哈肯與阿佩爾，合編了一個程式，1976年，他們利用兩台電腦跑了一千二百個小時，作了一百億次判斷，完成了四色定理的證明。四色問題因證明成立而得到解決。

相對來說，歷史之謎就要複雜得多。首先讓我們看看拿破崙（下稱拿氏）死因之謎。1821年5月5日傍晚五時四十九分，流放到南大西洋聖赫勒拿島上的拿氏與世長辭，官方的死因報告是胃癌併發症。1960年代初法國巴斯德研

究所和美國聯邦調查局曾化驗拿氏遺留下來的頭髮，發現砷（砒霜）的含量異乎尋常，於是人們對拿氏的死因提出質疑。特別是法國人，普遍認為拿氏是英國人毒死的。

然而，2002年11月號的法國科學刊物《科學與生活》，刊出一篇翻案文章。該刊將拿氏不同時期的頭髮交給三位法國權威學者化驗，發現無論是1821年拿氏死後取下的頭髮，還是1805年和1814年在世時的頭髮，砷含量都超出正常值五至三十三倍。專家們發現，這些頭髮所含的砷，均勻分布在整根頭髮上，表示不是攝食到體內的，而是來自外部環境。專家們推測，可能來自含砷的防蟲劑。專家們由此判定，拿破崙並非死於砷中毒，換句話說，不是英國人害死的。

拿破崙死因之謎就此得到解決了嗎？沒那麼簡單。即便證實拿氏並非死於砷中毒，也不能證實拿氏死於胃癌。拿氏的真正死因可能永遠無解。

讓我們再看一個例子。1917年俄國發生十月革命，俄共取得政權。1918年7月16日，俄共槍殺末代沙皇全家。幾天以後，莫斯科發布消息，詭稱沙皇家人安全無恙。沙皇遭槍決後的第八天，白軍攻占沙皇遇害處，派出軍官索霍洛夫調查沙皇一家的命運，他訪問了一些人，又在一處廢礦井裡找到一些遺物。1919年夏，白軍敗走，調查就此中止。

1924年，流亡的索霍洛夫在巴黎出書，將沙皇全家被殺的事公諸於世。但鐵幕深鎖，索霍洛夫的說法一直無法證實。

末代沙皇全家合影，攝於 1911 年。（維基百科提供）

到了 1970 年代末，蘇共的控制已不像從前那麼嚴密。有位地質學家阿烏棟寧，對沙皇之死一直深感興趣，他說服電影製片人雷波夫，以拍片需要為藉口，查閱到相關資料。

　　1978 年，雷波夫找到當年行刑隊頭目尤烏洛夫斯基的長子，他長期秘藏著一份其父寫的行刑報告書副本，至此真相大白，沙皇全家的埋藏地點也確定了。蘇共瓦解後，在阿烏棟寧和雷波夫的呼籲下，沙皇全家的遺體被挖掘出來，經分子生物學鑑定無誤。俄國舉行盛大的國葬，一段歷史公案至

此畫上句點。

　　沙皇死因之謎之所以能夠解開，是因為距今不遠，且有尤烏洛夫斯基等留下的證物。一些年代久遠的歷史之謎，就很難突破。然而，要不是未知遠多於已知，歷史哪會這麼有趣？

　　有人說，史學家像個偵探，在史料中尋覓證據，然後試著給出結論。如果這個比方貼切──治史就像偵探探案一般，歷史的趣味性就不言可喻了。

　　　　　　　（圓神《世界歷史 49 大謎》序，2003 年 12 月）

談談輕功

作者根據一位長輩敘述韓復榘任山東省主席時的親身見聞，說明輕功類似現今的極限運動跑酷，大多手腳並用，並無違反力學情事。

先父任職立法院，我在立法院職員宿舍光明新村長大。村中有位李大爺，山東肥城人，他是立法院職員，也是國大代表。李大爺出身齊魯大學，在校時鍾愛健美和體操。當年李大爺家有整套健身器材，小時候常到他們家練習。有一天，到他家玩時，李大爺對我說了一段他親眼目睹的經歷。

那是抗戰以前，韓復榘任山東省主席時。韓復榘提倡國術，請到一位武術家表演輕功，消息傳到齊魯大學，喜歡體育的李大爺當然不會錯過。這位武術家表演徒手攀登寶塔，當時李大爺正在學體操，看得格外受用。

李大爺說，表演者在塔下躍起，抓住第一層塔的屋簷，然後一個翻身，已躍上第一層。如是這般，手腳並用，一層層攀升。李大爺說，他這才知道，輕功其實和體操相去不遠。他又說，當時要是有人指點，他自信也能做到。

根據李大爺敘述，攀上屋頂須手腳並用；換句話說，躍上屋頂的先決條件是手要能抓住椽木或屋簷，絕非從地面直接竄上屋頂。我服兵役時看過戰技表演，特種兵藉著短跑的衝力，可以垂直奔上高牆中段，當手搆到牆頭時，一撐躍上高牆。始自戰技訓練的極限運動 Parkour（跑酷），也是手腳並用，和輕功相彷彿，唯不用於格鬥而已。

　　總之，輕功不可能違反力學，也不能違反人體的結構和生理。或曰：身輕如燕如何？瘦子體重固然較輕，但肌力相對較弱，對跳高並沒多大助力。運動場上的跳高選手莫不

跑酷運動者 Daniel Ilabaca 正在演練「貓平衡」動作，on Lucas 攝。（維基百科提供）

肌肉匀稱、胖瘦適中。2004 年雅典奧運跳高金牌瑞典選手 Stefan Holm，身高 181 公分、體重 69 斤，這是多麼美好的組合！

Stefan Holm 的金牌成績是 2.36 公尺。就算武林人物一躍能跳 2.36 公尺，要想飛身上屋，大概只能躍上低矮的民宅。再說，Stefan Holm 的 2.36 公尺是用背滾式跳的，用剪刀式不可能跳出這個成績。武林人物如用背滾式，勢將背部先著地，不摔個七葷八素才怪！

古人的輕功可以達到何種境界？當代武術大家萬籟聲（1903-1992）著有《武術匯宗》（商務印書館，1929），該書第三章第三節對於輕功的練法略有描述，大致以練習縱跳、撐身、抓握、平衡等為主，並無違反力學之處。

以武俠小說（或影視）的「飛身上屋」來說，顯然是不可能的。再以經典武俠片《臥虎藏龍》的踏水追逐、站立竹枝等「輕功」來說，也都違反物理原理。要想踏水不沉，除非鞋子的底面積夠大——大得像條小船，否則水的浮力不可能支撐人的重量。至於在竹枝上站立，竹子的剛性哪能支撐人的體重？劇終時玉嬌龍騰雲滑翔，可曾想到重力加速度？《臥虎藏龍》的武打相當真實，但誇張不實的輕功將它的「寫實」性減弱了。

筆者常想：如果武俠影視的輕功能夠合乎力學，那將何等真實、優美！筆者有位外國朋友喜歡看武俠片，但他說：

「你們的武術不如日本。」問他為什麼？他說：「日本的武士片看起來像真的，你們的武俠片看起來像假的。」他所謂像假的，主要是指輕功。其實，只要稍用點心，將輕功拍得像真的並不難。

　　我們希望重振大漢天威，但武俠小說愈寫愈神奇，兩岸三地的武俠影視也愈拍愈奇幻，這說明我們民族還不能走出自我麻醉的陰霾，距離我武維揚還遠著呢。

（原刊《科學月刊》2005 年 6 月號）

龍頭和天鼓——記先父所述兩則舊事

作者的父親曾說，有位長工在崩塌的土崖上看到龍頭；還說曾聽老人家說，清末曾有「天鼓」鳴。按天鼓鳴由隕石形成。前者已證明信而有徵，後者仍待查證。

我是山東省諸城縣人。每看到「諸城」兩字，都會特別注意。今（2009）年 10 月 15 日閱讀《旺報》，一則新聞猛然躍入眼簾，標題「諸城挖出世界最大恐龍群」，「諸城」兩字標成紅色，極其醒目。《旺報》的文章都有段引文，這篇新聞的引文如下：

> 被大陸國土資源部命名為中國龍城的山東諸城，近日工作人員鑿開蓋層岩石，發現一條長 500 米、平均深度 26 米的恐龍化石長廊。經數十位國際恐龍專家證實，這是目前世界上已發現的規模最大、化石儲量最豐富的恐龍化石群。

沒想到自己的家鄉竟有「中國龍城」之稱！趕緊閱讀內文，才知道 1964 年和 1988 年各進行過一次大規模挖掘，

2008 年元月起進行第三次挖掘，至今已發現庫溝恐龍化石長廊、恐龍澗化石隆起帶、臧家莊化石層疊區等三處大規模化石埋藏地，發現恐龍化石一萬五千多塊。

這則新聞使我想起先父說過的一則舊事。我們家住在諸城縣枳溝鎮趙莊，民國初年先父還是孩童時，一位長工（姓名已失憶）到鎮上趕早集，適逢雨後，曉色中隱約看到剛崩塌的崖上露出一個東西，走近察看，發現是個龍頭骨架，就拔下一枚龍牙放在提籃裡。趕完集，回程時走到發現龍頭的地方，只見許多百姓在挖龍骨，龍頭已不見了，大家正在往土裡挖。

那位長工曾向先父述說此事，先父曾在長工家看過那枚龍牙，灰白色，呈鑿狀，敲起來作金石聲。民間傳說，龍牙可治某病（何病已失憶），鄉人常到長工家磨龍牙粉，先父看到那枚龍牙時，基部已被磨掉不少。

待我年紀稍長，意會到先父所說的龍頭，可能是隻恐龍。鄉人知識閉塞，不可能知道什麼是恐龍。長工將露頭的恐龍頭骨化石理解成龍頭，可見牠的樣子和民間藝術的龍的造型有點相似。龍頭上有大型鑿狀齒，說明牠是一種肉食性恐龍。大型肉食性恐龍——如暴龍——頭部較大，牙齒尖銳，只看頭骨，的確有點龍的模樣，難怪那位長工會把它理解成龍了。

《旺報》的報導，證實了先前的想法。諸城既然是「中國龍城」，民初鄉人看到露頭的恐龍化石也就不足為奇。《旺

報》報導：「遠古時代諸城為何那麼多恐龍，被業內人士譽為『恐龍王』的七十四歲老教授趙喜進推測，該地區氣候溫暖，河流交織，湖泊廣佈，植物茂密，成群的鴨嘴龍自由自在地生活在水中、岸邊。丘陵和山坡上，角龍、甲龍、鸚鵡嘴龍、禿頂龍等素食性恐龍和睦相處。當時，恐龍生活的這個地方四季如春、氣候濕潤、水草豐茂、風景秀麗，適宜各種恐龍生存。」

　　鴨嘴龍、角龍、甲龍等都生活於白堊紀，有這麼多草食性恐龍，當然少不了掠食者，暴龍就是其中一類。暴龍分布北美和東亞，生活於白堊紀晚期，牙齒呈鑿狀，以鴨嘴龍、甲龍等為食。《旺報》的這則報導，提到諸城曾裝成「巨型山東龍」和「巨大諸城龍」兩具世界知名的鴨嘴龍化石，2009 年 10 月 11 日又修復完成世界最大的鴨嘴龍「巨大華夏龍」，可惜這篇報導沒提到肉食性恐龍。

　　先父還說過一則舊事，值得一提。先父年輕時常聽老人們說，清末某年某日，大晴天聽到低沉的悶雷聲，鄉人說是「天鼓響」，意味著將要改朝換代，果然幾年後清朝就滅亡了。老人們還說，一些到外地經商、辦事的人，不論去得多遠，同一時間都聽到了。

　　長久以來，我懷疑所謂的「天鼓響」，可能和 1908 年（光緒三十四年）6 月 30 日晨的通古斯大爆炸有關。聲波以空氣為介質，大爆炸的聲響能否傳到華北令人存疑，但根據英文

左：山東諸城恐龍國家地質公園的恐龍化石遺存，密度之高，居世界之冠。
右：中國暴龍。（張則驤攝）

版維基百科，大爆炸所引起的氣壓變化，英國都能測出，這樣看來，聲響傳到華北也不能完全排除。可惜在我讀過的雜書中，從未見過相關記載，謹此提出，乞請博雅君子賜教。

　　先父諱浥泉，名注恩，以字行。生於宣統二年農曆八月二十五日，逝於 2000（民 89）年國曆 7 月 25 五日。擅書法、工詩文，有《零縑集》行世。

（原刊《中華科技史學會學刊》第 13 期，2009 年 12 月）

附記：2015 年 8 月 29 日至 9 月 2 日，偕次子則驤出席在山東日照召開的「第八屆海峽兩岸科普論壇」。日照與諸城為鄰。8 月 31 日，則驤的青島友人驅車帶他造訪庫溝村「山東諸城恐龍國家地質公園」，及臧家莊「諸城中國暴龍館」。庫溝村和臧家莊和我們家鄉趙莊近在咫尺，可見先父所說某長工見到龍頭的事信而有徵。

六十七與采風圖

六十七，滿洲鑲紅旗人，乾隆九年抵台，任巡台御史三年，命畫工畫下《台海采風圖》和《番社采風圖》，又著成《台海采風圖考》和《番社采風圖考》。

今年（2011）春，我的健康出了點狀況，意識到生命隨時可能走到盡頭，必須抓緊時間多做些事，將六十七著《台海采風圖考》引進台灣，就是今年最重要的一項工作。

康熙六十一年（1722），朱一貴之亂平定後，清廷開始派遣滿、漢御史各一員巡視台灣，任期兩年。乾隆年間偶派給事中代行御史事，六十七就是其中之一。給事中，約略相當於現今的監察委員，戶科給事中負責監察戶部。

六十七，字居魯，滿洲鑲紅旗人。滿人常以出生時祖父歲數取名。此人取名六十七，應是沿用此一習俗。乾隆九年（1744），六十七抵台，三月二十五日，接續前任給事中書山，與乾隆八年四月履新的御史熊學鵬共事。

乾隆十年四月，熊學鵬任滿，由御史范咸接續。范咸，字九池，浙江仁和人，雍正元年進士。六十七應在乾隆十一

年（1746）三月任滿，但奉命續任兩年。乾隆十二年（1747）三月，因遭福建巡撫陳大受參劾，與范咸同時革職，在台共3年。六十七是在台最久的一位巡台御史。

六十七和范咸共事兩年，兩人經常詩文唱和，還一起重修《台灣府志》（乾隆十二年刊行，稱《重修台灣府志》）。當時台灣漢番混居，又有許多內地看不到的物產，六十七命畫工畫下兩套采風圖──《台海采風圖》和《番社采風圖》，又著成《台海采風圖考》和《番社采風圖考》。這兩套采風圖和兩本圖考，成為研究乾隆初年台灣風俗（特別是番俗）和風物的重要史料。

在六十七之前，《諸羅縣志》（康熙五十七年刊行）已有十幅番俗圖版畫，首任巡台御史黃叔璥曾倩工繪製二十幾幅《台陽花果圖》。六十七抵台，以前人作品為基礎，繪成《海東選蒐圖》。接著擴大內容，而成《台海采風圖》。其後將番俗部分析出，獨立為《番社采風圖》。

《番社采風圖》台灣有兩個藏本。中央研究院歷史語言研究所藏《台番圖說》共十八幅（一幅地圖），函套題「台番圖說」四字，別無其他題識。中研院史語所登錄卡謂：「意人羅斯贈民族學組，1935（民24）年入藏。」羅斯，義大利人，清末來華，任上海副領事，研究南方、西南民族，蒐羅豐富。1930（民19）年受聘中研院社會科學研究所民族學組特約研究員。後社會科學研究所改組，民族學組人員、圖書

《番社采風
圖‧乘屋》。
當時原住民建
造房屋，先建
好地基，再合
力將屋頂抬到
地基上，然後
編竹為牆而成
屋。

併入歷史語言研究所。

　　1998 年，杜正勝以《番社采風圖》名義將「台番圖說」
景印出版，在序文中說：「經我考證，茲正名為『番社采
風圖』，當係巡視台灣監察御史六十七使台期間（1744－
1747）命工繪製之原住民風俗圖。」

　　台灣另一藏本，是中央圖書館台灣分館藏《采風圖合卷》

二十四幅冊頁，含風俗圖十二幅、風物圖十二幅（有三幅重複）。1921 年，由該館前身「台灣總督府圖書館」第二任館長太田為三郎於東京南陽堂書店購得。二十四幅冊頁皆無題款，亦無鈐印。1934 年，日人山中樵撰〈六十七と兩采風圖〉，認為十二幅風俗圖係《番社采風圖》，十二幅（實為九幅）風物圖係《台海采風圖》。後者是此時此地研究《台海采風圖》無可取代的史料。

《采風圖合卷》之一幅，繪出檳榔、樣榔子、芽蕉（香蕉）、釋迦果、波羅蜜等五種果品，皆有長短不一的圖説。

臺海采風圖考

白麓六十七居魯甫著
山左張之傑百器點註

科史會本《臺海采風圖考》封面。版心為抄本卷一及卷二首頁。

　　關於兩部圖考，《番社采風圖考》早已收錄於「台灣文獻叢刊」。至於《台海采風圖考》，從日據至今，沒有一位島內學者看過！筆者有幸從中科院自然科學史研究所取得一份抄本，經過繕打、校註，列為「中華科技史學會叢刊」第一種（http://sciencehistory.twbbs.org/?p=989），免費供人下載。

　　六十七和范咸重修《台灣府志》，又往來南北各地繪製采風圖，難免過度勞動官民。當時台灣一府四縣，六十七和范咸的過度利用職權，引起參劾，吏部呈交乾隆的簽呈

（吏部題本）說：「近據陳大受奏，該御史等於養廉（費）外，又分派台、鳳、諸、彰四縣輪值，每季約需費三、四百金。其出巡南北兩路，供應夫車、廚傳、賞給各社番黎、操閱犒兵，俱令各縣措備。……應將現任巡台御史戶科給事中六十七、御史范咸均照溺職例革職。」

繪畫是一種重要的史料，於科學史尤然。從元朝起，文人畫家取代了職業畫家，成為畫壇主流。文人畫重視一己心靈感受，不重視所描繪客觀對象是否形似；在取材上，崇尚清雅，避諱世俗事物。民間畫家（畫工）繼承唐宋職業畫家的寫實傳統，六十七兩采風圖即其顯例。

根據殘存的《番社采風圖》，我們才能知道：當時原住民如何捕魚？如何建造干闌式房屋？有哪些建築式樣？也才能知道：當時原住民已學會用犁耕田，所飼養的牛以黃牛為主、水牛為次；所駕的車為無輻的「笨車」……。

中央圖書館台灣分館藏《采風圖合卷》，1997 年及 2007 年各景印一次。九幅《台海采風圖》皆以沒骨法繪製，每圖大多繪有五種動植物，各有圖說，其中古今異名的有：黃梨（鳳梨）、番花（雞蛋花）等等。堪稱研究台灣名物變遷的重要文獻。

（原刊《科學月刊》2011 年 11 月號）

龍與龍捲風

龍是一種想像中的動物，由蛇類、蜥蜴、鱷魚等動物元素，加上閃電、龍捲風等氣象元素拼湊而成。正史上的「龍」，其實大多是龍捲風。

龍是一種想像的動物，先民是怎麼想像出來的？《伊索寓言》有一則〈美麗的烏鴉〉，或可提供線索。話說有一天神要選鳥王，眾鳥都刻意打扮自己，烏鴉知道自己長得醜，打扮也沒用，就向眾鳥各要了一根羽毛，黏貼在自己身上，把自己妝點成一隻最漂亮的鳥⋯⋯。

龍不就是這樣嗎？鳳也是如此。所有的想像動物，大概都像寓言中的烏鴉般，集合眾多元素而成。不過龍除了動物元素，或許龍捲風也是其中之一。徐勝一教授輯有《中國歷代氣候編年檔》，從中可以看出古人稱龍捲風為龍，如同時出現兩個或兩個以上的龍捲風，則稱為「龍鬥」。所謂「見龍在田」、「龍戰於野」，可能都指的是龍捲風。

以關鍵詞查找，編年檔的第一則龍鬥載《左傳》：「昭公十九年，龍鬥於時門之外洧淵。」其後有關龍鬥的記載多

不勝數，如《隋書》：「南朝梁武帝普通五年六月，龍鬥于曲阿王陵，因西行，至建陵城，所經之處，樹木皆折開數十丈。……至太清元年，黎州水中又有龍鬥。波浪涌起，雲霧四合，而見白龍南走，黑龍隨之。」又如《江南省志》：「宋孝宗淳熙十年，大風有二龍鬥於澱湖，殿宇浮屠為之飛動。頃一龍蟠護其上，遠近皆見之。」最後一則載《清史稿》：「同治十年三月二十二日，湖州有龍鬥，狂風驟雨，拔木覆舟。」

編年檔中有關「黃龍」的記載更多，徐教授認為，即乾

龍捲風，2007 年 6 月 Justin Hobson 攝於明尼蘇達。（維基百科提供）

燥地區的「黃龍捲」。至於黑龍、青龍、白龍，徐教授認為，可能因為光線照射方向不同所致。照到光的龍捲風看起來呈白色，故稱白龍；沒照到光的龍捲風呈黑色或青色，故稱黑龍或青龍。

這樣看來，龍豈不可以和龍捲風畫上等號？當然不能。龍捲風的漏斗雲只有「龍尾」，光憑尾巴是想像不出整隻龍的造型的。氣象因素所造成的龍捲風和閃電，再加上多種動物元素，才集合成龍的形象。

漢畫中的龍，可大別為獸形、蜥形、蛇形、鱷形等四類，可見這時還沒加上閃電、龍捲風等氣象元素。其後龍的造型一再加工，藝術化愈來愈高，添加的元素愈來愈多，到了唐代，大致已經定形，也就是我們在圖繪中所看到的造型。

（摘自〈壬辰談龍──中國龍物語〉，原刊《科學月刊》
2012 年 2 月號）

百思不得其解的大蜥蝪

《閱微草堂筆記》卷三，有一則乾隆年間某軍官在新疆戈壁沙漠射殺人立而行的大蜥蝪的事，這則記載似幻還真，令人百思不得其解。

1977 年 10 月，我襄助陳國成教授創辦《自然雜誌》，同年 11 月，在該刊第二期寫了篇〈從尼斯湖海怪說起〉，大意是說，尼斯湖水怪不值識者一哂，但《閱微草堂筆記》卷三的一則記載卻令人百思不得其解。事隔多年，就再次談談這則記載吧。

> 俞提督金鼇言，嘗夜行辟展戈壁中，遙見一物，似人非人，其高幾一丈，追之甚急。彎弧中其胸，踣而復起，再射之始仆。就視，乃一大蠍虎，竟能人立而行。異哉！
> （卷三 灤陽消夏錄三）

蠍虎，北方方言，指壁虎，此處可引申為蜥蝪。辟展，城名，原指鄯善，現指吐魯番市鄯善縣的一個鄉。試語譯這則記載如下：

提督俞金鰲說，他曾在鄯善一帶戈壁沙漠中夜行，遠遠看到一個東西，似人非人，身高幾達一丈，追他追得很急。彎弓射中其胸部，倒了又站起來，再射，才倒下去。就近一看，原來是隻大蜥蜴，竟然能夠人立而行，真奇怪！（卷三 灤陽消夏錄三）

《閱微草堂筆記·灤陽消夏錄》題記：「乾隆己酉夏，以編排秘籍，于役灤陽，時校理久竟，特督視官吏，題籤庋架而已，晝長無事，追錄見聞，憶及即書，都無體例，小說稗官，知無關於著述；街談巷議，或有益於勸懲，聊付抄胥存之。命曰《灤陽消夏錄》云爾。」乾隆己酉，即乾隆

俞金鰲射人立大蜥蜴想像圖，原刊《自然雜誌》一卷二期。（王碧環繪）

五十四年（1789）。乾隆三十三年（1768），紀曉嵐因案發配烏魯木齊，三十六年赦還。此條乃追憶烏魯木齊見聞。

據筆記記載，俞金鰲射殺的大蠍虎，似為一種以後肢行走的肉食性巨型蜥蜴，但現生巨蜥皆生活在熱帶地區，沒有生活在沙漠地區的紀錄。又，現生蜥蜴以後肢行走者（如雙冠蜥），都是小型蜥蜴；大型蜥蜴皆以四肢攀緣或匍匐。或曰：筆記所載是否為恐龍子遺？恐龍於六千五百萬年前滅絕，新生代以降從沒發現過恐龍化石，此說可信度幾近於零。或曰：是否受到源自西方的恐龍觀念的影響？恐龍研究始於十九世紀初，紀曉嵐（1724–1805）生活於十八世紀，此說亦可排除。或曰：是否為提督俞金鰲所編造？俞金鰲為方面武將，且編造不離見聞，古人所傳言的山精木怪甚多，未聞有人立而行的大蜥蜴，此說亦難周延。那麼俞金鰲所見為何？筆者百思不得其解。

俞金鰲，《清史稿》有傳（列傳一二二・富僧阿、伊勒圖、胡貴、俞金鰲、尹德禧、剛塔傳）。大陸「文化共享工程天津數字頻道」有其簡傳：「俞金鰲（?~1793），字厚庵，天津人。清高宗乾隆七年（1742）武進士，授藍翎侍衛。十二年補山東守備。歷蘭州營游擊、廣東澄海協副將、廣西左江鎮總兵。三十一年調甘肅肅州鎮總兵。三十二年往伊犁辦理屯田事務，因收穫豐裕晉級。三十八年擢烏魯木齊提督。後調江南提督、福建陸路提督、甘肅提督，參加鎮壓回民起

義。四十九年改湖廣提督，又參加鎮壓苗民起義。五十四年入觀京師，得賜紫禁城騎馬。五十八年因病回鄉休養，不久死去。晚年聲譽既隆，權臣和珅屢相拉攏，而俞金鰲毅然不附，史稱有古大臣之風。」

可見俞金鰲在沙漠中射殺「大蠍虎」，是乾隆三十二年至三十八年前後的事。紀曉嵐乾隆三十三年發配烏魯木齊，三十六年赦還。在時間上，兩人剛好重疊。我們幾乎可以確定：紀曉嵐的這則記載，是親耳從俞金鰲口中聽來的。

（摘自〈閱微草堂筆記筆者的幾則生物記錄〉而略加損益，原刊《中華科技史學會學刊》第 17 期，2012 年 12 月）

從《武媚娘傳奇》談唐代宮人服飾

《武媚娘傳奇》的宮人大多袒胸露乳，但從唐代繪畫觀察，當時宮人並非如此，該劇的服飾顯然不合史實。

我原本很少看電視，一年來由於乾眼症作祟，較少看書、寫作，為了打發時間常看電視。《武媚娘傳奇》（武劇）熱播時，我也跟著看了。武劇是部「戲說」劇，劇情不合史實不在話下。媒體盛讚武劇服裝華麗，道具考究，武劇的袒胸露乳，是媒體討論的重點之一。劇中嬪妃或宮女，幾乎都露出半個乳房，媒體上說，唐代較為開放，宮人（宮女、嬪妃）穿著原本如此。

我從 1996 年起業餘探索科學史，開展出科學史與美術史會通的道路。看了武劇，不禁興起一探唐代宮人服飾的念頭。舍下有兩部探討歷代服飾的專書：黃能馥和陳娟娟著的《中國服裝史》（1995）和《中華歷代服飾藝術》（1999）。這兩部專書置於書架已久，就取出來仔細看看吧。

唐代婦女的服飾深受胡人影響，當時稱為「時世裝」。武劇中數次提到襦裙，襦，指長袖上衣，多為交領，也有方

領、圓領或翻領，略如現今的襯衫，但繫帶子，無紐扣。除了襦，還有貼身的無袖單衣（衫），和套在外面的對襟短袖罩衫（半臂）。春秋時，衫也可穿在外面。襦和半臂的衣領、袖口常加以裝飾，增加其華美。

至於裙，有齊腰裙、高腰裙，以及在乳房之上的齊胸裙，也有類似洋裝的連身裙。初唐時流行束胸、貼臀的窄裙，較能體現人體的曲線美。盛唐之後，漸趨寬鬆，恢復華夏傳統。在唐代繪畫和雕塑（唐三彩）中，常可看到穿著窄袖上衣的仕女，繫著高達乳房之上的長裙，肩膀上披著長圍巾，稱為帔帛，走動時搖曳生姿，也是傳自西域的裝束。

有了這些基本概念，讓我們從現存唐代繪畫和雕塑中看看唐代宮人的穿著。現藏台北故宮博物院的閻立本〈步輦圖〉，最能彰顯貞觀時期低階宮女的穿著。〈步輦圖〉繪吐蕃贊普松贊干布（617-650，舊籍稱棄宗弄贊）遣其大相祿東贊晉見唐太宗的場景，從中也可窺見唐太宗、祿東贊的樣貌，也可窺見貞觀時低階宮女的服飾，具有無與倫比的史料價值。

圖中左側三人，穿紅袍、戴冠、身材高大、有鬚髯者為引導官員；穿花袍、身形瘦小、未戴冠者為祿東贊；穿白袍、戴冠者為通譯。右側繪唐太宗及九名宮女，其中六名抬步輦（坐榻），兩名掌扇，一名持華蓋。畫家將唐太宗畫得不成比例的大，以彰顯其九五之尊。

唐·閻立本〈步輦圖〉，國立故宮博物院藏。右側端坐步輦上的是唐太宗，左側第二人為祿東贊。宮女們的服飾，可視為貞觀朝低階宮女的經常服。

　　圖中抬步輦及掌扇、持華蓋的九名宮女，髮型一致，服飾亦一致。上身皆穿同一款式的窄袖交領上衣（襦），外罩對襟短袖罩衫（半臂），披有長圍巾（帔帛）；下身皆穿紅白相間的齊胸裙，為免行動不便，腰際紮有繫帶。這種裝扮可視為貞觀期間幹粗活的低階宮女的經常服。

　　盛唐宮廷畫家張萱的〈搗練圖〉，傳世本為宋代摹本，可以反映盛唐時低階宮女的衣著。練，是一種絲織品，剛織成時質地堅硬，必須經過水煮、漂洗、杵搗等工序，才能變得柔軟潔白。〈搗練圖〉繪十一名婦女（另有一名玩耍的孩童）執行各個工序的情態。本文附圖為其局部，顯示圖中婦

張萱〈搗練圖〉局部。同屬低階宮女，衣著已較〈步輦圖〉中的宮女寬鬆。

女皆梳同樣髮式，穿長袖上衣，齊胸裙，披帔帛，裙子較〈步輦圖〉者寬鬆且長，或可看出時代的演變。

　　作於武周前後的永泰公主墓壁畫，描繪的可能是初唐時較高階的宮女。永泰公主李仙蕙，唐中宗七女，因與其兄懿德太子議論祖母（武則天）男寵張易之、張昌宗兄弟，兄妹同遭賜死。永泰公主墓有大量壁畫，東壁所繪宮女，髮型及服飾不一，下身穿齊腰裙，有些上身穿半透明圓領窄袖上衣，外罩對襟罩衫，肩上披帔帛，酥胸微露，但與武劇直接露出大半個乳房不同。

　　至於武如意、徐慧等嬪妃的穿著，從中唐周昉的〈簪花

永泰公主墓東壁壁畫（局部），作於八世紀。右側四位宮女，內穿圓領窄袖上衣，外穿對襟罩衫，披圍巾，酥胸微露。

仕女圖〉差可看出端倪。此圖為一長卷，繪簪花仕女五人，執扇侍女一人，另有哈巴狗兩隻，白鶴一隻，圖左繪有湖石和辛夷花一株。本文附圖為其局部。全圖描繪仕女逗犬、拈花、戲鶴、撲蝶情景。周昉為中唐宮廷畫家，所繪仕女應為嬪妃等高階宮人。五位仕女及一位侍女，皆穿薄紗圓領上衣，外罩無領大袖衫，穿齊胸裙，披帔帛，這般裝束顯然不屬於需做雜活的一般宮女。鑑於中唐後服飾變得寬鬆，武如意、徐惠等嬪妃的穿著可能較此苗條。

　　至於袒胸露乳，我所經眼的唐代繪畫及雕塑，只有一件

中唐周昉〈簪花仕女圖〉局部，皆穿薄紗圓領上衣，外罩無領大袖衫，齊胸裙，披帔帛。或可視為中唐嬪妃的服飾。

作於盛唐的「坐姿梳妝樂俑」和武劇相仿。樂俑左手持鏡，右手作化妝狀，塑造一位女樂坐在椅子上攬鏡化妝的情態。女樂俑穿對襟窄袖衫，外罩綴花短袖罩衫，繫以繫帶，下穿高腰條紋綴花裙，腰帶鑲嵌珠寶。這可能是一種舞衣，不是平時服飾。唐代的各種舞蹈，各有其舞衣。「坐姿梳妝樂俑」的舞衣，可能和傳自域外的舞蹈如柘枝舞或胡旋舞等有關。

唐坐姿梳妝樂俑，作於八世紀，西安王家墳村出土。樂俑穿對襟窄袖小衫，外罩罩衫，衣領甚低，露出乳溝和半個乳房。可能是一種舞衣。

武劇的賣點是華麗的服裝，和宮人們個個袒胸露乳。媒體妄臆唐代較為開放，宮人穿著理應如此。根據以上論述，這種論調可以休矣。

（原刊《中華科技史學會學刊》第 20 期，2015 年 12 月）

李約瑟與魯桂珍

《愛上中國的人：李約瑟傳》透露若干不為人知的秘辛，包括與其妻的學生魯桂珍相戀，因而學習中文，意外地成就了一位不世出的科學史家！

1981 年，國立台灣科學教育館（科教館）完成常設性展覽「中國古代科技發明」，筆者與一干同好參與規劃。1984 年 9 月中下旬，劍橋大學的李約瑟（1900-1995）偕其助手魯桂珍（1904-1991）訪台兩週，主辦方（好像是中華文化復興委員會）安排他到科教館參觀，筆者有幸見到這位研究中國科技史的權威學者。

當時李約瑟已八十四歲，滿頭白髮，精神矍鑠。他身高約 190 公分，背有點兒駝。有人問他：「您的《中國之科學與文明》能在生前完成嗎？」他微笑著回答：「大概不可能了。」當時魯桂珍也八十歲了，她站在李約瑟身旁，身高還達不到李的肩膀。

李約瑟原本研究生物化學，1941 年獲選英國皇家學會會員。然而，差不多就在這時，他決定前往中國，協助中國人

潘震澤譯，《愛上中國
的人 —— 李約瑟傳》封
面 書 影 （ 時 報 出 版 ，
2010 年）

抵抗日本。那時中國沿海被日本占領，遷到後方的大學和研
究機構嚴重缺乏科學器材，甚至連試管都成為珍品。在李約
瑟的奔走下，英國成立了一個援華機構——「中英科學合作
館」，他就成為該館的館長。

　　從 1942 年到 1946 年，李約瑟在中國四年。他發現中國
科技史還是一片處女地，值得投注餘生深入耕耘。於是，他
從一位生物化學家，變成科學史學者。1954 年，《中國之科
學與文明》第一卷出版，立即成為學術界的焦點。

　　李約瑟生前，《中國之科學與文明》出版到第十八

卷。他去世後，同事和學生們繼續他的工作，目前已出到第二十四卷。這部巨著告訴我們，科技文明是東西交流的產物，中國人的貢獻功不可沒。這部巨著使得西方人較能了解中國，也使得中國人不再妄自菲薄。

2009 年，也就是李約瑟去世後十四年，他的傳記 ——《The Man Who Loved China》出版了；中文版由潘震澤翻譯，書名《愛上中國的人：李約瑟傳》（時報，2010）。潘震澤是知名科普作家，譯筆信達雅兼備不在話下。該書道出李約瑟研究中國科技史的經歷，也道出一些不為人知的秘辛。促使李約瑟學習中文，進而研究中國科學史的關鍵人物，原來就是魯桂珍！

魯桂珍，湖北蘄春人，出身金陵女子大學，畢業後在上海一家醫學機構研究生化。她從科學期刊上得知，劍橋大學的 Joseph Needham 與其妻 Dorothy M. Needham 是當時頂尖的生物化學家，於是決定投到這對夫婦門下。1937 年 11 月，三十三歲的魯桂珍來到劍橋，成為李夫人（後來取中文名李大斐）的研究生。

然而，魯桂珍到劍橋不久，就和李約瑟發生戀情。李夫人似乎並不介意自己的學生和先生關係曖昧，李和魯也從不避諱，三人行維持了將近半個世紀！1938 年 2 月的某個深夜，李和魯親熱之後，李躺著點燃兩支煙，遞一支給魯，說：「能不能把香煙的中文字寫給我看？」

魯桂珍寫了，李約瑟照著寫了一遍，躺著欣賞自己的作品，那可是他首次書寫這種異國文字，有扇位於遠方的大門突然朝他開啟，讓他進入一個全然不熟悉的世界。魯桂珍寫道：「一切發生得很突然，他對我說，我一定要學會這種文字，不然寧可一事無成。」

魯桂珍成為李約瑟的中文啟蒙老師，魯寫道：「我怎麼可能拒絕幫這個忙呢？雖說那等於是要我回到托兒所，收到他寫的一些幼稚的中文信，還要回覆。不過他一點一滴的取得了他尋求的知識，並走上瞭解各個時代中國文字之路。」李約瑟這個中文名，就是魯桂珍為他取的。到了 1938 年秋，李約瑟已可以用中文讀、寫。1942 年出長中英科學合作館時，連古書也能看了。

和魯桂珍同時到達劍橋，師事李約瑟夫婦的還有沈詩章和王應睞，後者以首次合成胰島素聞名。魯桂珍後來寫道：「他對我們的瞭解愈多，就愈曉得我們對科學的掌握以及對知識的洞察力與他完全一樣，這點不免讓他好奇的心靈尋思：為什麼科學只發軔於西方？過了相當久之後，他又自然冒出另一個問題：也就是說，為什麼在過去十四個世紀裡，中國對自然現象的掌握以及將其應用於民生上，要比歐洲更為成功？這些問題也就成為《中國之科學與文明》計劃的主要動機。」

李約瑟的元配李大斐於 1987 年去世，兩年後（1989）

李約瑟和魯桂珍這對相伴超過半個世紀的戀人在劍橋成婚，這時李約瑟已八十九歲，魯桂珍已八十五歲。1937 年兩人邂逅、進而相戀時，魯桂珍做夢也想不到吧？這段戀情竟然催生了一位不世出的科學史家！

（2016 年 7 月 30 日）

舞獅的起源

舞獅的起源眾說紛紜，本文作者在峇里島看到舞獅，悟出中土的舞獅即使源自西域，其始源可能為印度。YouTube 上的印度舞獅視頻，證實了作者的推測。

2016 年 10 月間，我去了一趟峇里島。長子到峇里島開會，長媳請我們夫婦一起去。長子知道我對印度教有興趣，所以長媳只安排參觀印度教廟宇。我們雇了一輛車，每天遊二至三處名勝古蹟，四天造訪過十處印度教廟宇或古蹟。

從印度洋到東方的航路，原本由印度人掌控，印度教和佛教隨之傳入東南亞。回教興起後，回教徒掌控了這條航路，東南亞逐漸回教化。峇里島地理位置偏遠，回教勢力還沒侵入前，西方人已捷足先登。這大概是峇里島仍保有印度教文明的主要原因。

此行看出一些文化現象，其中之一就是舞獅。我在《科學月刊》1996 年 9 月號寫過一篇〈獅乎？猊乎？從元人畫貢猊圖說起〉，大意是說：中國不產獅子，狻猊和獅子都是外來語。自東漢章和元年首次入貢，獅子逐漸成為一種瑞獸，

其造型愈來愈失真，弄到後來，竟然把真正的獅子誤認成藏獒了。該文刊出後，香港中大的黃英毅教授來信：

> 張先生大啟：
>
> 　　拜讀大作「獅乎？獒乎？」獲益良多。據聞獅舞乃仿照狗之動作，事實上西藏流行一種瑞獸名「雪山獅子」，類似北京狗，故西藏喇嘛（以至慈禧太后）喜飼狗。據 *The Buddhism of Tibet or Lamaism* 一書中云：相傳喜馬拉雅山曾出現瑞獅，為村民帶來豐收，後被一道士引來漢地。至瑞獅死後，漢人乃將獅皮起出作舞以示吉祥（見《故宮文物》第三十二期）。舞獅源自西涼，稱西涼獅子舞也。
>
> 耑此順候
>
> 　　安康
>
> 　　　　　　　　　　　香港中大黃英毅敬上

黃教授來函與我的覆函，刊《科學月刊》1996 年 10 號「讀者與作者」欄目：我的覆函如下：

> 黃教授鈞鑒：
>
> 　　大札敬悉。舞獅之起源已不可考。《漢書・禮樂志》：「常從象人四人」，孟康（曹魏時人）注：「象人，若今戲蝦、魚、師子者也。」可見遠在三國時已舞獅存在。至於舞獅是否來自域外，學者說法不一。中國雜技團藝術室

副主任傅起鳳先生認為，舞獅為國人自創。蓋我國自古以人喬裝瑞獸，以供驅儺逐疫。獅子東傳後，國人視獅子為瑞獸，將獅子加入喬裝行列乃事理所必然也。詳見傅氏文〈源遠流長的中國舞獅藝術〉（陶世龍編《中華文化縱橫談》，華中理工大學出版社，1986 年）。

　　古時舞獅，常以一人扮作胡人，在前逗引，故外來說亦非無稽。唯所謂外來，當來自西域，斷非西藏。中國（包括西藏）不產獅子已見拙文，《故宮文物》所引洋書所載傳說，僅可作為談助，不可認真。又，舞獅稱作西涼舞，當源自白居易樂府詩《西涼伎》：「西涼伎，假面胡人假獅子，刻木為頭絲作尾，金鍍眼睛銀貼齒……」，但不能據此認定舞獅出於西涼。耑此，敬請 大安

　　　　　　　　　　　　張之傑敬上，九月二十四日

此次峇里島之行，使我修正當年的看法。中土的舞獅即使源自西域，其始源也是印度。10 月 9 日，我們參觀過聖泉寺，車子一路攀升，到面對巴杜爾火山（1,717 公尺）的觀景餐廳用午餐。在停車場，意外地看到舞獅。舞獅成員皆為童子，獅偶的造型與中土的南、北獅有異。翌日參觀峇里王國仲裁法庭時，在其博物館中又看到一具造型華麗的大型獅偶。

　　通曉梵語、巴利語、吐火羅語等的北大教授季羨林博士

峇里島的舞獅。舞獅者、執傘逗引者、掌鑼鈸者，皆為童子。（張之傑攝）

嘗撰〈浮屠與佛〉一文，以讀音及音韻考定，「浮屠」譯自一種古印度俗語，「佛」譯自吐火羅語。鑑於最早期的佛教文獻，言釋迦牟尼但稱「浮屠」，不稱「佛」，季氏在結論中說：「中國同佛教最初發生關係，我們雖然不能確定究竟在什麼時候，但一定很早……，而且據我的看法，還是直接的；換句話說，就是還沒經過西域小國的媒介。」

我曾寫過一篇論文〈狻猊師子二詞東傳試探〉（《中國科技史料》第 22 卷第 4 期，2001 年，頁 363 至 367），也得出相同的結論。在中國，獅子有兩個名稱，即狻麑（後改麑為猊）和師子（後改師為獅）。

狻麑一詞最早出現於《爾雅》。《爾雅》一般認為成書於先秦，編定於西漢初年，可能附加若干西漢材料。《爾雅・釋獸》：「狻麑，如虦苗，食虎豹。」（虦音ㄓㄢˋ，淺毛色；苗，通貓）郭璞注：「即師子也，出西域。」可見至遲至西漢初年，狻麑一詞已傳入中國。

　　狻麑古音作 suan-ngiei，上古音作 swan-ngieg。大陸藏學家楊恩洪女士告訴我，藏語獅子作 seng-ge，與狻麑古音幾乎相同。獅子梵語作 simha，巴利語（一種印度俗語）作 siha。在語言學上，g、h 讀音近似或相通，狻麑一詞與獅子之梵、巴語顯然同出一脈。可見漢語的狻麑，和藏語的 seng-ge，皆源自印度。

　　《爾雅》只載狻麑，不載師子，說明西漢初年師子一詞尚未傳入中國。東漢章帝、和帝間，班超經略西域，中國聲威遠及蔥嶺以西。章帝章和元年（87），月氏遣使獻師子，這是史上第一次貢獅。月氏是吐火羅的一支，師子吐火羅 A 語作 śisāk，這就是師子一詞的語源。

　　峇里島屬於印度教文化區。峇里島的舞獅，可能源自印度，不大可能源自中土。如這一推論為真，中土的舞獅可能也和印度有關，而非國人自創。印度也有舞獅嗎？長子寄來一則視頻（https://www.youtube.com/watch?v=AbF1ygWB9Ig），證實了上述推論。如今印度、錫金、尼泊爾、西藏等地仍有舞獅。在 YouTube 上鍵入 Indian lion dance，或

purulia chhau，可以找到多則印度舞獅視頻。西域（中亞）回教化以前信奉佛教，印度的舞獅傳到西域，再傳到中土可說是順理成章的事。

（原刊《科學史通訊》第 40 期，2016 年 9 月）

後　記

　　在本書自序中，談到出版過程的曲折，我說：「北京一家出版社有興趣，且已進入簽約階段，不意五二〇兩岸關係生變，又不了了之。」當時為這家出版社寫的自序中有這樣一段話：

　　　　關於書名，較確切的或許是《科學史話》，無奈臺灣商務印書館的「商務科普館」叢書已經用了。雖然一者是「主編」，一者是「著」，仍不宜自己打自己。幾經斟酌，就取為《科學史札記》吧，這個書名或許更為符合筆記體的精神。

　　當臺灣商務印書館伸出援手，主編和執編認為「科學史札記」太平，建議另取個書名。索盡枯腸，想出「科學史譚」，於是在序上說：

　　　　關於書名，鑑於和《科學史話》同一脈絡，就取為《科學史譚》吧。

　　後來臺灣商務編輯部認為「科學史譚」過於嚴肅，並代

為取名《課堂上沒教的科學知識》，這個書名的確較為輕鬆、較有親和力。

我出版過的書不可謂不多，面向不可謂不廣，但我的書像我的人一樣，人落落寡合，書也沒有一本暢銷。如果改個書名就可稍微叫座，當然是求之不得的事，我還想再出本續集呢！能否如願，就看廣大讀者捧不捧場了。

（2017 年 11 月 8 日）

誌　謝

　　本書最早的一篇〈萬物生於有，有生於無〉，摘自我的第一本科普書《生命》，1975 年 6 月由科學月刊社出版，最近的一篇〈舞獅的起源〉今年 10 月草成，前後跨越四十一年！

　　本書的寫作及刊出，得力於眾多報章雜誌，如《科學月刊》、《自然雜誌》、《大眾科學》、《經典》、《國語日報》、《中央日報》、《中華日報》、《金門日報》、《小大地》、《小達文西》、《地球公民》等等，謹此一筆謝過。

　　謝謝維基百科，要不是有這部強調 copyleft（公共版權）的網路百科全書，本書的配圖工作不可能完成。

　　一本書的出版，除了寫作，還有很多後製工作，謝謝臺灣商務印書館相關同仁在排版、封面設計、印製等方面的費心，謝謝這些素未謀面的幕後英雄。

　　最後，要謝謝內人吳嘉玲女士，她是我東遊西盪、多所嘗試的憑藉。

科學叢書

課堂上沒教的科學知識

60 則令人拍案叫絕的故事

作　　者—張之傑
發 行 人—王春申
總 編 輯—張曉蕊
責任編輯—徐平
校　　對—鄭秋燕
美術設計—吳郁婷

業務組長—何思頓
行銷組長—張家舜
出版發行—臺灣商務印書館股份有限公司
　　　　　23141 新北市新店區民權路 108-3 號 5 樓（同門市地址）
電話：(02)8667-3712　傳真：(02)8667-3709
讀者服務專線：0800056196
郵撥：0000165-1
E-mail：ecptw@cptw.com.tw
網路書店網址：www.cptw.com.tw
Facebook：facebook.com.tw/ecptw

局版北市業字第 993 號
初版一刷：2018 年 1 月
初版六刷：2021 年 10 月
印刷廠：沈氏藝術印刷股份有限公司
定價：新台幣 320 元
法律顧問：何一芃律師事務所
有著作權·翻印必究
如有破損或裝訂錯誤，請寄回本公司更換

課堂上沒教的科學知識：60則令人拍案叫絕的故
事 ／ 張之傑 著. -- 初版. -- 新北市：臺灣商務,
2018.01
　　面 ； 　公分. --（科學叢書）

ISBN 978-957-05-3122-0（平裝）

1. 科學　2. 通俗作品

307.9　　　　　　　　　　　　106021940